蔬食常備菜

庄司泉

瑞昇文化

前言

用蔬菜＋「瘦身素材」預先製作起來存放，
讓身材及料理時間都能瘦身的
常備菜餚。

想要瘦身的話，最好的選擇莫過於自己動手料理。

外食的話由於經常吃得豐富又過於油膩，即使偶爾吃點好料，卡路里還是經常
動不動就超標。

雖然這麼說，但還是幾乎抽不出時間下廚房去料理。對於這類忙碌的人來說，
最推薦的方式就是預先製作起來存放。

本書所推薦的常備菜都非常的簡單。

只要將素材汆燙、清蒸、或是攪拌均勻即可。由於只要花點時間加工後即可存
放，不論是對再怎麼忙碌的人、或是不擅長料理的人來說，都是一件輕輕鬆鬆
的事。

雖然說只是稍微加工，但只要這樣處理就能大幅延長保存期限。除此之外，在
平時繁忙的日子裡可以直接享用預先準備好的常備料理，若是稍微變化搭配一
下，還能做出瘦身常備菜，非常的方便。

本書基於瘦身效果考量，食材也都經過嚴格挑選。主角是蔬菜。由於蔬菜除了
低卡路里之外，還有膳食纖維及礦物質鉀等等，能夠將身材雕塑地更加勻稱。

另外結合海藻、菇類、乾貨等等「瘦身素材」製作的常備菜也相當完美。立刻
從今天開始做做看吧！

庄司泉

....

庄司泉 izumi shoji
蔬菜料理家。2007 年開始經營介紹 100% 素食料理的部落格『vege dining 蔬菜的餐食』，因大
受歡迎的關係，因緣際會之下成為介紹蔬食料理的料理家。同時，也向大家推廣可預先製作後存放
的常備菜、能夠任意變化使用的小菜等忙碌時也能大量攝取蔬菜的食譜。其著作『野菜的常備菜』
〈世界文化社〉一書也成為市場常銷書。目前經營『庄司泉 vegetable‧cooking，studio〈http://
shoji-izumi.tokyo/〉』網站，從事推廣蔬食樂趣與可能性的各項活動。

部落格：vege dining 蔬菜的餐食
http://ameblo.jp/izumimirun/

Slimming
Vege Stock

本書的使用方法
● 材料都用容易製作的分量標記。製作完成的容量會依材料的不同而有所增減。
● 食材的預先處理方法記載在材料後的（　　　）內。但蔬菜的清洗、去皮、去蒂頭等基本的預先處理則省略。
● 計量的單位一大匙為 15ml、1 小匙為 5ml（全部為平匙）。
● 調味料沒有特別指定的場合，皆使用以下的材料。
　砂糖……上白糖 / 鹽……自然海鹽 / 醬油……濃口醬油 / 油……沙拉油 /
　味噌……米味噌 / 醋……米醋
● 昆布高湯是將高湯昆布 20g 用廚房剪刀切碎之後，放入 800ml 的水慢火熬煮，直到沸騰之前將昆布取出就完成了。
● 本書記載的常備菜的存放時間為，放入保存容器或保存罐內密封、再放入冰箱冷藏的保存期間為標準。完成的料理在密封時，務必要等到冷卻後再加蓋保存。

◎ 本書食譜中所提到的單位「杯」為日制計量，1 杯為 200ml。

前言……2

用常備菜養成瘦身習慣的 5 個秘密……8

想要用來和蔬菜搭配的「瘦身素材」都在這裡！……10

「瘦身素材」調理的秘訣與瘦身料理的技巧……12

chapter 1

只需水煮
只需清蒸

簡單的「配菜材料」……15

水煮洋蔥……16
 ●柚子醋拌洋蔥和海苔……17
 ●壽喜煮風味洋蔥和油豆皮……17
 ●洋蔥納豆煎餅……17
水煮麥片鹿尾菜……18
 ●麥片鹿尾菜五目煮……19
 ●葉菜與麥片鹿尾菜碎沙拉……19
 ●麥片鹿尾菜飯……19
汆燙菠菜和白蘿蔔乾……20
 ●韓式涼拌菠菜和白蘿蔔乾……21
 ●菠菜和白蘿蔔乾即席擬製豆腐……21
 ●菠菜和白蘿蔔乾燉煮油豆皮……21
油煮葫蘆乾拌長蔥……22
 ●醃漬風……23
 ●醬拌風……23
汆燙香味蔬菜……24
 ●香味蔬菜燙青菜……25
 ●山藥泥涼拌香味蔬菜……25
油煮青椒和冬粉……26
 ●美乃滋冬粉沙拉……27
 ●柚子醋冬粉沙拉……27
汆燙昆布絲和油豆皮……28
 ●紅蘿蔔、昆布絲與油豆皮的燉煮料理……29

 ●昆布絲、油豆皮拌長蔥的中華涼拌……29
蒸小番茄……30
 ●番茄湯加螺旋麵……31
鹽蒸馬鈴薯豆……32
 ●不油炸的馬鈴薯豆可樂餅……33
金平風蒸牛蒡和紅蘿蔔……34
醬油蒸油豆腐和蓮藕……35
蒸海帶芽和白蘿蔔……36
榨菜蒸水煮竹筍……37
酒蒸豆芽菜和蒟蒻絲……38
 ●日式炒麵風豆芽菜和蒟蒻絲……39
酒蒸綜合菇……40
 ●麻婆豆腐菇……41
大蒜油蒸櫛瓜……42
檸檬油蒸蕪菁……43

chapter 2

只需攪拌

當成副菜的
蔬菜常備菜……45

醋拌蒟蒻絲和白蘿蔔……46
- 麵量減半的清爽炒素麵……47
- 豆漿涼拌菜……47
- 豆腐涼拌菜……47

碎乾貨涼拌柚子醋……48
- 即席的一口風白蘿蔔絲餅……49
- 雪見湯……49
- 雁擬豆腐佐香菇泥醬汁……49

綜合豆洋蔥拌塔巴斯科醬……50
- 即席風辣豆醬……51
- 微辣風豆泥……51
- 火烤酪梨綜合豆……51

綜合海藻西洋芹拌醋味噌醬……52

木耳涼拌泡菜……53

蒸山藥拌白味噌……54

豆芽菜昆布絲拌芝麻醋醬……55

麥片拌碎黃豆佐生薑醬油……56
- 麥片黃豆鬆……57

牛蒡拌蔥鹽……58
- 牛蒡煎餅……59

寒天絲山芹菜拌柚子胡椒油醬……60

香菇蒟蒻絲拌微辣醬油……61

小白菜拌昆布青蔥……62

茄子拌紫蘇粉薑末……63

高麗菜油豆皮拌榨菜……64
- 素餃子……65

紫甘藍菜拌紫蘇醬菜……66

醋味豆渣……67

小番茄拌水雲藻……68

秋葵拌海帶根……69

花椰菜拌美乃滋風味白味噌醬……70
蓮藕拌大蒜梅乾……71

Column

常備菜入門
調理與保存方式的規則……14

養成瘦身習慣的吃飯方式
蔬菜優先……44

讓涼拌料理更簡單
增添鮮味的食材……72

美味蔬菜的秘訣
乾燥蔬菜的建議……96

chapter 3

只需醃漬

短時間就能製作出
能長期享用的瘦身常備菜……73

脆醃紅蘿蔔與蘿蔔乾……74
- 油豆皮炒蘿蔔乾……75
- 高麗菜與蘿蔔乾三明治……75
- 蘿蔔乾舞菇即席酸辣湯……75

醃漬黃瓜昆布絲……76
- 即席冷湯……77
- 中式黃瓜炒甜椒……77
- 手拍黃瓜涼拌山藥……77

青椒醃漬煎豆腐……78
高湯醃漬烤茄子與雁擬豆腐……79
檸檬橄欖油醃漬寒天棒與番茄……80
辣醬油醃漬芹菜與鹿尾菜……81
醃漬蘿蔔沙拉……82
高湯醬油醃漬大豆、蓮藕與蒟蒻……83
醃漬大豆花椰菜……84
- 醋煮大豆花椰菜……85

醋醃寒天棒與黃瓜……86
- 煎豆腐配黏糊黃瓜梅子醬……87

橘子汁醃紅蘿蔔與寒天絲……88
- 紅蘿蔔與寒天絲沙拉……89

番茄汁醃漬茄子與櫛瓜……91
番茄汁醃漬蘿蔔乾與洋蔥……91
南蠻漬白蒟蒻……92
蒜頭檸檬醃漬南瓜與鹿尾菜……93
韓式泡菜風淺漬白菜與蘿蔔乾……94
日本甘酒醃漬蕪菁與高麗菜……95

chapter 4

只需拌炒，
簡單燉煮

很適合放進便當的
日式常備菜……97

薑末蒟蒻……98
 ● 薑末蒟蒻豆渣……99
 ● 蒟蒻味噌湯……99
 ● 蒟蒻串燒……99
葫蘆乾炒蘿蔔乾……100
 ● 袋煮……101
 ● 義式沙拉……101
 ● 清爽建長湯……101
長鹿尾菜梅乾煮大蒜……102
 ● 鹿尾菜拌青紫蘇……103
 ● 橄欖風味洋風壽司……103
 ● 香炒梅乾鹿尾菜櫛瓜……103
咖哩炒豆芽菜蘿蔔乾……104
蒟蒻絲煮金針菇……105
梅乾炒大豆……106

薑末味噌炒木耳牛蒡……107
胡椒鹽炒地瓜芽鹿尾菜……108
味噌炒茄子豆渣……109
柚子胡椒炒油豆皮香菇……110
海苔佃煮炒青椒……111
料理酒炒小黃瓜綜合海藻……112
 ● 梅乾即席涼拌菜……113
 ● 薑汁風味涼拌菜……113
壽喜燒風蘿蔔乾煎豆腐……114
薑汁煮杏鮑菇葫蘆乾……115
青花椰菜煮鹽昆布……116
燉煮嫩竹筍……117
梅乾煮蘿蔔乾……118
豆渣炒乾貨……119

卷末
保存版

想事先做起來保存
有著滿滿蔬菜的調味醬……120

柚子醋醃漬夏季蔬菜……121
醬油麴拌洋蔥泥與洋蔥碎末……121
綜合菇辣味醬汁……122
雙色番茄無油法式沙拉醬料……122
多彩蔬菜甜醋醬汁……123
根菜類辣醬……123
和風莎莎醬……124
紫洋蔥紅蘿蔔雪見醬汁……124

INDEX
蔬食常備菜 材料別索引……126

用常備菜養成瘦身習慣的 5 個秘密

POINT 1

本書介紹的常備菜
全部都是以植物性的素材製作而成。
因此低卡路里也令人吃得安心。

以蔬菜為首的植物性素材，與肉、魚、蛋、奶製品等的動物性素材相比，卡路里相當地低。相對於 100g 的和牛沙朗 498kcal，菠菜只有 20kcal、即便口感紮實的蓮藕也只有 66kcal。即使吃得很飽也不必擔心因為卡路里攝取過量而肥胖。

POINT 2

在蔬菜裡添加「瘦身素材」，
就能期待帶來更好的瘦身效果。

海藻類或菇類、蒟蒻或白瀧蒟蒻絲、蘿蔔乾或葫蘆乾等等的乾貨，這些蔬菜以外的植物性素材好朋友們，除了卡路里相當低之外、還含有相當多的膳食纖維等具有高瘦身效果的成分。在本書裡將這些食材稱之為「瘦身素材」，並積極地納入採用。因此瘦身效果更加倍快速！

POINT 3

膳食纖維會阻止醣類和脂肪的吸收。
即使如同平常一樣的飲食也不會變胖。

蔬菜就不用說了，海藻類或菇類等等的瘦身素材，最大的特徵是膳食纖維相當的多。因為膳食纖維的作用、除了讓腹部由內而外感到清爽，一旦攝取了膳食纖維，也會減緩醣類與脂肪的吸收。因此即時如同平常一樣食用油膩的炸物或肉類料理、甜食等也不容易變胖是它的特點。

POINT 4

植物性素材當中富含的礦物質鉀能夠
促進水分代謝。連水腫也能夠馬上說再見！

以蔬菜為首、瘦身素材的海藻類或菇類、乾貨類或豆類等等的植物素材，特點是富含礦物質鉀。鉀與體內剩餘的鈉會結合，並且隨著水分排出體外。對浮腫感到困擾的人，要是每天充分食用本書所介紹的常備菜的話，就能馬上跟浮腫說再見了！

POINT 5

只要拌一拌、汆燙等調理方式就能簡單完成。
輕鬆的料理方式才能長久地持續。

一說到常備菜的製作，就會有「如果不是空閒的週末就不能做」這種印象。本書介紹的常備菜只要利用手邊零碎時間就能完成，因此即便在沒有太多時間的平日製作也 OK！蔬菜買回來放入冰箱冷藏之前，只要快速地簡單處理就能享受好幾天的美味料理。因為並不費工，所以能長久地持續。這就是能夠成功瘦身的秘訣！

想要用來和蔬菜搭配的 「瘦身素材」都在這裡！

＊

蔬菜、菇類的乾貨

即使在乾貨當中，蔬菜或菇類等植物性乾貨，是本書相當推薦的「瘦身素材」。雖然乾貨因為風乾將素材的水分去除，但不減爽脆感又提高了保存性，去除水分的同時也將營養一口氣濃縮在一起。能夠有效攝取可清掃腸胃的膳食纖維等瘦身效果營養素是一大利點。

海藻類的乾貨

切碎的裙帶菜、鹿尾菜、綜合海藻、寒天等等海藻類的乾貨，可以說是最強的「瘦身素材」。膳食纖維多這點跟蔬菜類或菇類的乾貨如出一轍，除此之外還富含能消除水腫的礦物質鉀、卡路里含量也超低！舉例來說，將乾燥的裙帶菜泡水還原的話，100g 只有 17kcal。除了吃得飽足也更能安心。

豆類

作為瘦身常備菜蛋白質的來源，比起肉類、魚、蛋，我們更推薦的就是豆類。雖然不比蔬菜、菇類或海藻等myfood，但是相對於高脂肪的肉類來說，豆類製品的卡路里也是相當低的。除了膳食纖維或礦物質鉀，也富含能提高代謝的維生素 B 群、能夠打造瘦身的體質。

蒟蒻

這根本就是超低卡路里的代表素材！100g 的板蒟蒻僅僅只有 5 kcal。白瀧或一般的蒟蒻絲等蒟蒻類食材不論哪一種都是超低卡路里，是瘦身減肥的強力夥伴。除了口感紮實、膳食纖維也多，擁有飽足感這點也令人開心。想與蔬菜或菇類組合用來增加分量時也可以使用。

大豆製品的同伴們

被稱為種在田裡的肉一般，擁有大量的蛋白質。豆腐、油豆腐等等，除了直接吃就很美味之外，忙碌的時候拿來製作常備菜也非常有幫助！大豆製品擁有能夠抑制脂肪吸收機制的皂素、降低中性脂肪或膽固醇的卵磷脂等可以打造瘦身體質的豐沛營養素，非常的棒喔！

「瘦身素材」調理的秘訣與瘦身料理的技巧

✳

1　乾貨類
不用泡水還原，直接使用。

乾貨不用泡水還原直接使用即可。直接放入煮汁或醃漬的醬汁內，用調味醬汁或蔬菜的水分自然地還原。除了鮮味與口感不會跑掉之外，還能完整地攝取水溶性的膳食纖維與礦物質鉀是優點所在。

2　煮汁、泡水的湯汁
全部可以使用。

裡面除了含有素材的營養素，也含有大量的水溶性營養等提高瘦身效果的物質。有跟代謝相關的維生素 B 群、水溶性纖維，以及能消除水腫的礦物質鉀等等。要是眼睜睜地看著它被倒掉就太浪費了！請妥善利用吧！

3　在磨碎、剝成小段等
預先處理階段下功夫。

本書的常備菜 100% 是植物性。說到健康，吃的無味是沒有辦法長久的，因此也要在預先處理上下點功夫。將蔬菜或大豆製品等植物性素材磨碎、用手剝成小段就更能充分入味，同時也有滿足感。

4　麥片和豆類請一次調理。
再冷凍起來備用。

麥片有膳食纖維、豆類含有大量優質的蛋白質，因此是會讓人想多多攝取的食材。處理的時候，建議一次大量烹煮後再冷凍保存，方便隨時取用。麥片先泡水 10 ～ 15 分鐘、豆類浸泡一晚，用大量熱水煮 45 分鐘～ 1 小時。因為較花時間，預先做好備用會比較輕鬆。

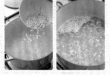

5　盡量不要使用到油。
使用「蒸」的調理法，
用一般的鍋子也能做到。

考量到卡路里就會想要控制油脂的攝取。最有效的就是「蒸」的調理法。要是沒有蒸的料理器具，就用「蒸煮」法料理。將食材迅速地拌炒後蓋上鍋蓋，加熱數分鐘。這樣一來只要少量的油就能完成。再拿另一個鍋子加水，將食材放入有深度的碗盤內再放入鍋中、蓋上蓋子加熱。溫的蔬菜沙拉也可以這樣簡單地製作。

6 想吃酥脆炸物的時候就用烤箱或烤肉架製作吧！

卡路里相當高的炸物是減肥時必須要避開的食物。但要是想吃炸物的時候，就輪到烤箱或烤肉架出場了！如同一般的製作方式，將麵包粉確實地灑滿包覆食材。這時不要油炸，將食材整體沾上極少量的油，以烤箱或烤肉架烤到恰到好處。酥脆的外衣就能品嚐到十足的炸物風味。

9 油豆皮、油豆腐、雁擬豆腐＊等食材請確實地將油分去除吧！

雖說大豆製品的同伴們含有大量優質的蛋白質，但油炸後的這些素材當然也含有卡路里。因此要確實地將油分去除！將豆腐放入篩網浸到熱水中，用煮沸的熱水汆燙數分鐘將油分大量地去除。接著再用廚房紙巾按壓吸乾就完成了。一旦去除了油分，味道也會更加地濃郁入味。

7 用不會增加卡路里的素材，添加食材的美味吧！

在汆燙好的蔬菜裡拌入芝麻或切碎的堅果、再淋上帶有香氣的橄欖油後就成了一道美味的菜餚，但還是會擔心卡路里太高。這個時候就活用低卡路里的安心食材吧！用切段的烤海苔或青海苔、碎梅肉、鹹昆布等等增添食材的美味吧！

8 主食的攝取方法也可以下點功夫。推薦使用常備菜製作而成的拌飯。

單獨攝取碳水化合物會容易升高血糖值，產生容易發胖的循環體質。一起攝取膳食纖維時會阻斷醣類的吸收，請注意到這樣的生理機制。本書的常備菜是 100% 的植物性，不論哪一樣都富含膳食纖維。只要切碎拌入白飯內，就能製作成不容易發胖的主食了。

10 用油時採取少量原則，利用拌入酒、水、高湯等降低卡路里。使用水炒的技巧來製作！

取代用油拌炒、在平底鍋裡鋪滿水，一面拌炒一面加熱就稱之為水炒（water saute）。即使不使用油，用這樣的方式也能將食材炒得軟嫩。在水裡添加酒也能增添風味、用高湯拌炒也能增添食材的美味。在上面淋上幾滴橄欖油的話就能享受油品的風味，也不會攝取過多的卡路里。

＊雁擬豆腐：原文為「がんもどき」，是先將豆腐搗碎，混合紅蘿蔔、蓮藕、牛蒡等食材，經過塑型再油炸的料理。也被稱作「飛龍頭」。

常備菜入門

調理與保存方式的規則

與製作之後馬上食用的料理不同,因為常備菜是以製作數日的分量保存為前提,調理與保存的方式需要下點功夫注意。

其中最重要的是,要注意不要讓細菌滋生。在製作生菜的拌菜淺漬*等不需加熱製作的常備菜時,調理用的缽碗或長筷等必須確實地清洗之後再使用。要是製作加熱料理的話、請確實地煮熟,調理完後雖然要放入保存容器裡,但在熱騰騰的時候放入容易因為蒸汽而損傷食材。

為了防止上述情形,請務必鋪平在調理盤等容器上,等到冷卻之後再移到保存容器裡。之後要放入冰箱,但基本上還是要確實地等到餘熱散去。保存容器的部分,也要確實地清潔後再使用。

確實地清洗是理所當然的,要是耐熱性的保存材料,可以用熱水整體燙過或煮沸消毒之後使用就更能安心。

除此之外,在取用常備菜的時候也要特別注意。請務必使用清潔的長筷等拿取。保存期限的標準會因各種常備菜而有所不同,若是擔心可以中途再次烹煮,加熱之後可以延長保存的期限。

另外,在醃漬類的食材上,隨著時間經過素材會慢慢出水,這時將多餘的水分去除更能延長保存的期限。

最重要的基本原則就是要在料理最美味的時候食用。為了避免忘記常備菜的製作日期,請貼上標籤並註記,就能減少粗心引起的浪費了。

在放入冰箱保存的時候,請不要過度地塞滿整個庫內空間。除了冷卻能力下降之外,也是造成常備菜變質的原因。

*淺漬是把小黃瓜、蘿蔔、茄子之類的蔬菜,泡在調味醬汁裡一小段時間醃漬而成的醃菜,又稱即席漬、一夜漬。

Slimming Vege Stock

只需水煮
只需清蒸

簡單的
「配菜材料」

只要將蔬菜、海藻或菇類等稍微加熱一下就好,使用上會很便利。
就算不另外做調味,或是做成相當清淡的料理,在冰箱裡可以保存 4 ～ 5 天。
若作為料理仍有不足的部分,可以自由地應用於沙拉、燉菜、炒菜、涼拌菜等等。
比起帶有紮實味道的常備菜,讓人更能夠一口接一口地吃個不停,這一點非常地棒!

只需水煮

水煮洋蔥

材料　約 2 杯份

洋蔥…1 顆（200g，切成 1cm 寬）

製作方法

1. 將熱水煮沸之後，把洋蔥煮個 20 秒放到篩網上。
2. 去除餘熱之後放進冰箱裡保存。

保 存
5 天

柚子醋 *
拌洋蔥和海苔

材料● 2 人份

水煮洋蔥…1 又 1/3 杯份
烤海苔…1/2 片（撕碎）
柚子醋…1 小匙

製作方法

❶ 將所有食材放在一起攪拌均
　匀。

＊原文為「ポン酢」，是一種使用
檸檬、萊姆、苦橙、柚子、酢橘、
臭橙等柑橘類果汁，搭配釀造醋製
作的和風調味料。除了直接使用之
外，也能加入醬油等醬料調配。但
不論選用哪種柑橘類或者是否加入
其他醬料，中文圈普遍都稱之為柚
子醋。

壽喜煮風味洋蔥
和油豆皮

材料● 2 人份

水煮洋蔥…1 杯份
油豆皮…1 片（50g，去油之後
　　　　縱向對半切，再切成 2cm 寬）
　┌ 白蘿蔔乾…10g
　│　（洗好之後切大塊）
a │ 水…3/4 杯
　│ 酒…1 大匙
　└ 醬油…2 小匙

製作方法

❶ 將材料 a 先煮開一次，再加
　入水煮洋蔥、油豆皮。
❷ 煮開之後轉成較弱的中火，
　煮個 5 分鐘並不時地攪拌，
　直到食材將湯汁吸收到剩下
　一點點。

洋蔥納豆煎餅

材料● 2 人份

　┌ 水煮洋蔥…1 杯份（切大塊）
　│ 小顆納豆…1 包（40g）
a │ 醬油…1 小匙
　└ 日式太白粉…2 大匙
芝麻油…適量

製作方法

❶ 在調理碗裡將材料 a 混合在
　一起。
❷ 加熱芝麻油，分別以一口大
　小的分量將步驟 1 放進去，
　把兩面煎得酥酥脆脆。

Memo 內含的二烯丙基硫化物能夠讓血液順暢，維生素
B 群可以促進新陳代謝，將可以期待瘦身效果的洋蔥，只
用汆燙法就能做成常備配菜。將它煮過也有減緩嗆辣，變
得較好入口的優點。當成沙拉或是湯裡的配料等也很方便。

17

只需水煮

水煮 麥片鹿尾菜

材料 1 又 1/4 杯份

押麥…1/4 杯（40g）

芽鹿尾菜…5g（清洗過）

製作方法

1 用熱水將押麥煮 17 分鐘。

2 在快煮好的 1 分鐘前，再加入芽鹿尾菜一起煮。

保存
5天

麥片鹿尾菜
五目煮 *

材料●2 人份

水煮麥片鹿尾菜…1/2 杯稍多
紅蘿蔔…1/3 小根（40g，細切）
油豆皮…1/2 片
　（25g，去油之後縱向對半切，
　再切成 1cm 寬）
昆布高湯…1/2 杯
味醂、醬油…各 1 小匙

製作方法

❶ 把全部的材料倒入鍋裡煮，
　煮到紅蘿蔔熟透為止。

＊五目煮就是加入五種配料，或是
泛指加入多種配料一起燉煮的調理
方式。

葉菜與
麥片鹿尾菜
碎沙拉

材料●2 人份

水煮麥片鹿尾菜…1/2 杯份
　　紫甘藍菜、高麗菜…各 50g
a　白蘿蔔…1.5cm（50g）
　　青椒…1 顆（30g）
　　橄欖油…1/2 大匙
　　醋…1 大匙
b　鹽…少許
　　黃芥末醬…1/2 小匙

製作方法

❶ 用菜刀將材料 a 的蔬菜切
　碎。
❷ 把調和好的材料 b 沙拉醬拌
　入材料 1 裡，並混入水煮麥
　片鹿尾菜。

麥片鹿尾菜飯

材料●2 人份

熱騰騰的飯…1/2 合 * 份
水煮麥片鹿尾菜…1 杯份
醬油…1/2 小匙

製作方法

❶ 在調理碗裡將所有材料全部
　混合好。

＊1 合約等於 180ml。

Memo 富含膳食纖維的組合，具有從體內進行排毒的優
良功效。當感覺到膳食纖維不足的時候，就將它加進飯、
沙拉或是燉煮料理裡。加入炒青菜、日式炒麵或炒烏龍麵
等煎炒料理也非常推薦。

只需水煮

汆燙菠菜和白蘿蔔乾

材料 ● 2 杯份

菠菜‧‧1 把（200g）
白蘿蔔乾‧‧20g（洗好之後切大塊）

製作方法

① 菠菜燙個 10 秒後，浸泡冷水再移到篩網上。
② 菠菜切大塊放入調理碗裡，拌上白蘿蔔乾。

保存
5 天

韓式涼拌菠菜和
白蘿蔔乾

材料●2 人份

汆燙菠菜和白蘿蔔乾…1/2 杯份
切碎的鹽昆布…8g
長蔥…5cm（15g，切末）
芝麻油…1/2 小匙

製作方法

❶ 將所有食材放在一起攪拌均
　勻。

菠菜和白蘿蔔乾
即席擬製豆腐 *

材料●2 人份

木棉豆腐…1/2 塊
　（150g，確實地去除水分）
　汆燙菠菜和白蘿蔔乾
a　　…1/4 杯份（切末）
　日式太白粉…2 大匙
　鹽…1/4 小匙
　味噌…1 小匙
油…適量

製作方法

❶ 用叉子類的器具把木棉豆腐
　和材料 a 確實地混合在一
　起。
❷ 在平底鍋裡熱好油放上材料
　1，一面煎、一面把它做成
　日式煎蛋捲的形狀。
❸ 中途蓋上蓋子，用小火確實
　地燜煮 2～3 分。取下蓋子，
　將它煎得恰到好處。

*將豆腐塊碎，混合蔬菜等其他食
材後重新塑型製作的豆腐料理。

菠菜和白蘿蔔乾
燉煮油豆皮

材料●2 人份

汆燙菠菜和白蘿蔔乾…2/3 杯份
　油豆皮…1 片（50g，去油之
　　後切成方便食用的大小）
a　昆布高湯…3/4 杯
　酒、醬油…各 2 小匙

製作方法

❶ 把材料 a 放進鍋子裡開中
　火，煮開之後轉小火煮 5 分
　鐘。
❷ 加入汆燙菠菜和白蘿蔔乾，
　再煮沸一次後關火。

Memo 將整把菠菜燙過
之後儲備起來。再加入白蘿
蔔乾後膳食纖維會激增。因
為增加了咬勁和鮮味，用於
燙青菜、芝麻涼拌、豆腐涼
拌一類的簡單家常菜上，味
道會變得更好。

只需水煮

油煮葫蘆乾拌長蔥

材料● 2 又 1/2 杯份

葫蘆乾…45g（洗好之後切成 5cm 長）

長蔥…1 又 1/2 根（150g，斜切薄片）

橄欖油…適量

Memo 葫蘆乾在乾貨中，膳食纖維的含量也是遙遙
領先的。在乾貨的狀態下，100g 中含有 30.1g 的膳食
纖維。配上長蔥再用油煮來增添風味的話，可以當成
義大利麵的配料、沙拉或是搭配喜歡的蔬菜一起拌炒
等等，在西式料理上也可以廣泛地運用。

製作方法

1 在鍋裡把水煮開，慢慢加入適
量的橄欖油（大鍋子約 1 大
匙）。

2 放入葫蘆乾和長蔥，汆燙約 30
秒。

3 確實地瀝乾熱水後保存起來。

淋上橄欖油和醋
做成稍微重口味的醃漬料理。

醃漬風

材料● 2 人份

油煮葫蘆乾和蔥…1/2 杯稍少

紅甜椒…10g（細切）

西洋菜…5g（切大段）

醋…1 大匙

橄欖油…1 小匙

製作方法

❶ 將所有食材放在一起攪拌均勻。

拌上醋味噌
享受有彈性口感的醬拌料理。

醬拌風

材料● 2 人份

油煮葫蘆乾和蔥…1/2 杯稍少

醋、白味噌…各 1 大匙

芥末醬…1/4 小匙

製作方法

❶ 將所有食材放在一起攪拌均勻。

保存
5 天

只需水煮

汆燙香味蔬菜

材料 ● 2 杯份

山茼蒿…1 把（150g）
水芹…1 把（100g）
鴨兒芹…1 把（50g）

製作方法

1 把全部材料汆燙後浸泡冷水，擠乾水分再切成方便食用的大小。

Memo 只要選搭並汆燙各式各樣有著很棒香氣的蔬菜就能完成。不僅能做成燙青菜、芝麻涼拌、豆腐涼拌，切碎後用芝麻油與醬油炒過，再拌入飯裡的話，瞬間就成為香氣四溢的菜飯風。用於炒烏龍麵和義大利麵等也都非常推薦。

充分去除水分再冷藏保存的話,馬上就能做成燙青菜。再額外添加海苔香。

香味蔬菜
燙青菜

材料● 2 人份

汆燙香味蔬菜…2/3 杯份
a｜昆布高湯、醬油…各 1 小匙
醬油…適量
烤海苔…少許(用廚房剪刀裁切)

製作方法

1 把汆燙香味蔬菜放入調理碗裡,淋上材料 a 的醬汁後充分擠乾水分(這稱之為醬油洗)。

2 盛到盤子上,淋上少許醬油後撒上海苔。

加入拍碎後的山藥,分量升級。做成山葵醬油調味的涼拌料理。

山藥泥涼拌
香味蔬菜

材料● 2 人份

山藥…80g(去皮後用研磨杵拍碎)
醬油…1 小匙
a｜山葵醬…1/3 小匙
汆燙香味蔬菜…1/4 杯稍少

製作方法

1 在調理碗裡攪拌材料 a 來讓它入味。

2 把步驟 1 的材料和山藥拌在一起。

只需水煮

保存
5 天

油煮青椒和冬粉

材料● 1 又 1/4 杯份

冬粉…35g（用廚房剪刀剪成 3 等份）
青椒…3 大顆（120g，細切）
油…適量

製作方法

1 在鍋子裡把水煮開，稍微滴幾滴油。
2 放入冬粉和青椒煮 2 分鐘，放到篩
網上確實地去除水分。

Memo 青椒與辣椒一樣含有辣椒素，具有燃燒脂肪
的效果。配上冬粉一起煮過之後，除了可用於沙拉、
涼拌料理、湯品之外，只要搭配喜歡的湯頭一起煮，
就是一道低卡路里的冬粉湯麵。

拌上美乃滋&醋醬油。
再加上彩色蔬菜就是讓人心滿意足的一盤。

美乃滋
冬粉沙拉

材料● 2 人份

油煮青椒和冬粉…1/2 杯稍多

紅蘿蔔…1/4 根（20g，細切後汆燙）

黃色甜椒…1/8 顆（20g，細切）

a │ 美乃滋…1 大匙
　 │ 醋、醬油…各 1/2 小匙

製作方法

❶ 在調理碗裡將材料 a 混合好，再放入剩餘的
　 材料攪拌。

將細切青椒與綠豆冬粉，
直接配上柚子醋的清淡風味。

柚子醋
冬粉沙拉

材料● 2 人份

油煮青椒和冬粉…1/2 杯稍多

柚子醋…1 大匙

製作方法

❶ 將所有食材放在一起攪拌均
　 勻。

保存
5 天

只需水煮

汆燙昆布絲和油豆皮

材料● 4 杯份

油豆皮…3 片（180g，去油後縱向對半切，
　　再切成 8mm 寬）
昆布絲…60g（確實洗過之後切成大段）

製作方法

① 把油豆皮和昆布絲汆燙過。

Memo 將經常用於燉煮料理的組合，只汆燙過就保
存起來！加點調味再重新煮過一遍，瞬間就是道燉煮
料理。若是加入豆腐涼拌之類的涼拌料理或煎炒料理
中，除了擁有充足的分量之外，還有滿滿的膳食纖維，
對腸內清潔也有很大的效果。

不使用砂糖，
與細切紅蘿蔔一起慢慢燉煮
做成即席燉煮料理。

紅蘿蔔、昆布絲與油豆皮的燉煮料理

材料● 2 人份

紅蘿蔔…1/6 根（30g，細切）
汆燙昆布絲和油豆皮…2/3 杯份
酒…2 大匙
醬油…1/2 大匙
水…150ml

製作方法

❶ 把全部的材料倒入鍋裡開中火。

❷ 用長筷一面攪拌一面將它煮透，當湯汁幾乎收乾之後關火。

與蔥白切絲一起淋上
芝麻油、醬油、醋
做成中華風涼拌料理。

昆布絲、油豆皮拌長蔥的中華涼拌

材料● 2 人份

a
長蔥…1/2 根份（蔥白切絲）
芝麻油…1/2 小匙
醬油、醋…各 1 小匙

汆燙昆布絲和油豆皮…1 杯份

製作方法

❶ 在調理碗裡攪拌材料 a 讓它入味。

❷ 把步驟 1 的材料與汆燙昆布絲和油豆皮攪拌後裝盤。

只需清蒸

蒸小番茄

材料● 3 又 1/2 杯份
小番茄…2 包（400g）

製作方法
❶ 取下小番茄的蒂頭，放入冒出蒸氣的蒸籠裡蒸 20 秒。

Memo 不只美肌，對瘦身也很棒的茄紅素。這種比一般番茄含有更多茄紅素的小番茄，是會讓人想每天多多攝取的蔬果之一。用蒸的加熱之後，茄紅素的吸收率也會提升。做成蒸番茄存起來的話，在製作醬汁時也能夠縮短燉煮的時間，相當方便。

保存
5 天

不用油製作、有著滿滿番茄的蔬菜湯
把義大利麵也一起燉煮的「一鍋」烹調法。

番茄湯加螺旋麵

材料● 2 人份

a
蒸小番茄…1 又 3/4 杯
水…150ml
青椒…1 小顆（切粗末）
洋蔥…1/7 顆（30g，切粗末）
螺旋麵…10g（按照包裝上的指示燙熟）
鹽…1/2 小匙稍少

製作方法

❶ 把材料 a 放入鍋裡開中火，煮開之後轉小
火煮 3 分鐘。

❷ 加入螺旋麵和鹽再煮開一次後關火。

只需清蒸

鹽蒸馬鈴薯豆

材料●4 杯份

馬鈴薯…2 個（300g，切丁切成 1cm 大小）
水煮鷹嘴豆…1 罐（280g）
鹽…1/2 小匙

製作方法

① 在調理碗裡攪拌全部的材料，在冒出
蒸氣的蒸籠裡蒸 5 分鐘，蒸到馬鈴薯
變軟為止。

Memo 用含有豐富維生素 C 的馬鈴薯以及含有蛋白
質的鷹嘴豆做成的常備菜，營養均衡非常出色。將它
們蒸得鬆鬆軟軟後壓爛，做成可樂餅、馬鈴薯沙拉、
濃湯或是馬鈴薯泥等熟悉的配菜，都非常便利。

保存
5 天

沾滿麵包粉再送進烤箱燒烤。
想要品嚐分量感時敬請嘗試！

不油炸的馬鈴薯豆可樂餅

材料●2 人份（4 個量）

鹽蒸馬鈴薯豆…1 杯份（做成泥）
洋蔥…1/4 顆（切粗末）
油…適量
鹽…1/4 小匙
麵粉…適量
a│麵粉、水…各 3 大匙
麵包粉…適量

製作方法

1 熱好油之後把洋蔥稍微炒過，用鹽來調味。

2 在調理碗裡把步驟 1 的材料和鹽蒸馬鈴薯豆混合，分成 4 等份後捏成可樂餅的形狀。

3 在步驟 2 的材料上拍上麵粉，沾上混合好的材料 a 麵衣後，再均勻地沾上麵包粉。將它排列在耐熱容器裡，淋上少許的油（分量另計），用 250 度的烤箱烤 7 ～ 8 分鐘，烤到微焦就完成了。

保存
5 天

金平風 *
蒸牛蒡和紅蘿蔔

材料● 2 又 1/2 杯份

牛蒡…1 根（160g，斜削成薄片）

紅蘿蔔…1/3 根（60g，細切）

a｜酒、水…各 4 大匙

醬油…1 大匙

Memo 　因為不像金平牛蒡有紮實的調味，所以除
了直接吃之外，加入沙拉、豆腐涼拌或山
藥泥涼拌、什錦飯、散壽司等等，都是很好用的常
備菜。具有滿滿的膳食纖維，由於不使用砂糖，也
很適合用於瘦身！

製作方法

❶ 把牛蒡和紅蘿蔔放入鍋子裡混
合，淋上材料 a 後蓋上蓋子，開
中火。

❷ 冒出蒸氣後轉小火煮 3 分鐘，燜
煮到蔬菜變軟為止。

❸ 淋上醬油並全體攪拌，再燜個 1
分鐘後關火。

＊金平料理是種用醬油、味醂、砂糖來調味，拌炒
條狀或刨絲蔬菜的料理。例如金平牛蒡等。在這裡
則是用蒸的。

保存
5 天

醬油蒸油豆腐和蓮藕

材料● 3 杯份

油豆腐…1 片（200g，去油之後切成一口大小）

蓮藕…1 大節（200g，切成 1cm 厚的圓片）

a | 水…6 大匙
| 醬油…1 大匙

> Memo
> 可以直接當成燉煮料理來享用。用油豆腐來取代肉類相當地健康。而蓮藕的口感會產生飽足感。除此之外還能搭配蔬菜來做成拼盤，由於常備菜本身味道較淡，也可以做出變化製成和風咖哩、焗烤或豆漿燉菜等等。

製作方法

① 把油豆腐和蓮藕放入鍋子裡混合，淋上材料 a 後將全體大致攪拌混合。

② 蓋上蓋子開中火，冒出蒸氣後轉小火煮 5 分鐘，燜煮到蓮藕熟透為止。

保存
5 天

蒸海帶芽和白蘿蔔

材料 ● 3 又 1/4 杯份

白蘿蔔⋯400g（切長方片狀）
切過的海帶芽⋯15g
酒⋯3 大匙
鹽⋯1/3 小匙稍多

製作方法

1 把全部的材料放入鍋子裡，大致混合後蓋上蓋子開中火。

2 冒出蒸氣後，轉小火燜煮 2 分鐘後關火。

> Memo　可以滴幾滴芝麻油或檸檬汁做成副菜。配上昆布高湯或當成湯品的配料，就是即席海帶芽湯或味噌湯。蘿蔔促進消化，裙帶菜的膳食纖維則會緩和醣類與脂肪的吸收，所以請務必拿來作為肉和魚等主菜的配料。

保存
5 天

榨菜蒸水煮竹筍

材料●2 杯份

水煮竹筍…200g（切成 1cm 厚半月形）
調味榨菜…50g（切末）
酒…4 大匙

製作方法

① 把水煮竹筍和榨菜放入鍋子裡混合，倒入酒後蓋上蓋子。

② 開中火，冒出蒸氣後轉小火，燜煮 3 分鐘後關火。

> Memo 有豐富膳食纖維且低卡路里的竹筍。用榨菜來調味的話，就能減緩水煮獨特的苦味，可以美味地享用。除了直接當成副菜之外，還可以切細碎做成什錦飯。也可以搭配油豆腐和雁擬豆腐一起拌炒，當成主要配菜。

保存
3 天

只需清蒸

酒蒸豆芽菜和蒟蒻絲

材料● 3 又 1/2 杯份

豆芽菜…1 包（200g）
白瀧蒟蒻絲…1 又 1/3 包
　　（240g，汆燙後切大段）
酒…4 大匙

製作方法

① 把豆芽菜和蒟蒻絲放入鍋子裡混合並倒入酒。

② 蓋上蓋子開中火，冒出蒸氣後轉小火燜煮 2 分鐘。

 Memo 庫存起來的話，會是用來代替麵條的貴重寶物。在想要節制碳水化合物，或者對介意醣類的人來說都是很適合的常備菜。配上喜歡的湯頭做成拉麵風。配上義大利麵醬做成義大利麵，或是讓它變身成素麵雜炒＊吧！

＊雜炒 (チャンプルー) 是沖繩美食，意思是「混雜物」，用豆腐和蔬菜等材料炒製而成。還有一說是該詞的詞源為什錦麵。

在豆芽菜和蒟蒻絲上淋上酒，只用蒸煮來製作的配菜。
考量到瘦身需求，以蒟蒻絲取代麵條。

日式炒麵風
豆芽菜和蒟蒻絲

材料 ● 2 人份

酒蒸豆芽菜和蒟蒻絲…2 杯份
油…適量
鹽…1/4 小匙
高麗菜…2 片（100g，切大塊）
青椒…1 顆（40g，細切）
紅蘿蔔…1/4 根（40g，細切）
伍斯特醬…2 大匙

製作方法

① 熱好油之後，一邊拌炒一邊煮去酒蒸豆芽菜和蒟蒻絲的水分。

② 加入鹽後繼續翻炒，再加入蔬菜拌炒。

③ 用伍斯特醬來調味後關火。

保存
5 天

只需清蒸

酒蒸綜合菇

材料●2又1/2杯份

舞菇、鴻喜菇、金針菇、
　香菇…各100g
酒…4大匙

Memo　菇類的卡路里很低，而且含
有豐富的膳食纖維。β-葡聚
糖也會提升免疫力。但生的菇類其實
意外地很容易腐爛，所以將它做成不
調味的酒蒸。可以做成菇類沙拉、湯
裡的配料或是涼拌料理的食材。利用
它的口感、切末之後用來替絞肉也
非常推薦。

製作方法

① 把舞菇、鴻喜菇的根部去除，剝成方便食
用的大小。金針菇去除根部後將長度切
半。香菇去除根部後切半。

② 把 1 的材料放入鍋子裡全體混合，灑上酒
後蓋上蓋子開中火。

③ 冒出蒸氣後轉小火，加熱 1 分鐘後關火。

把酒蒸綜合菇一顆顆切碎用來取代絞肉，
做成帶有薑和豆瓣醬滋味的麻婆豆腐風。

麻婆豆腐菇

材料● 2 人份

a
　薑…10g（切粗末）
　長蔥…5cm（15g，切蔥花）
　大蒜…1/2 片（切粗末）
　豆瓣醬…1/4 小匙

芝麻油…適量

b
　酒蒸綜合菇…3/4 杯份（切粗末）
　調味榨菜…30g（切粗末）

木棉豆腐…1/2 塊（150g，切塊）

水、酒…各 50ml

醬油…1 小匙

日式太白粉…1/2 小匙（溶進 3 倍量的水裡）

辣油…1/4 小匙

製作方法

❶ 熱好芝麻油後翻炒材料 a。

❷ 香味跑出來後連材料 b 一起拌炒，再加入
　豆腐、水、酒、醬油。

❸ 沸騰之後用小火煮 1 分鐘，用溶進水裡的
　日式太白粉勾芡。裝盤後淋上辣油。

保存
5 天

大蒜油蒸櫛瓜

材料 ● 3 又 2/3 杯份

櫛瓜…3 根（480g，切成 1cm 厚）

a 蒜泥…3/4 小匙
橄欖油…1 大匙
白葡萄酒…6 大匙

製作方法

① 把櫛瓜放入鍋子裡，將混合好的材料 a 淋遍全體。

② 蓋上蓋子開中火，冒出蒸氣後轉小火煮 6 ～ 7 分鐘，加熱到櫛瓜熟透為止。

> 🖉 Memo　有豐富的鉀，防止浮腫非常好用的櫛瓜。用油和大蒜來稍微蒸過之後，只要撒上鹽就是很方便的配菜。如果當成焗烤和燉菜等的食材，或是沾上麵衣油炸的話，就可以當成主要配菜。

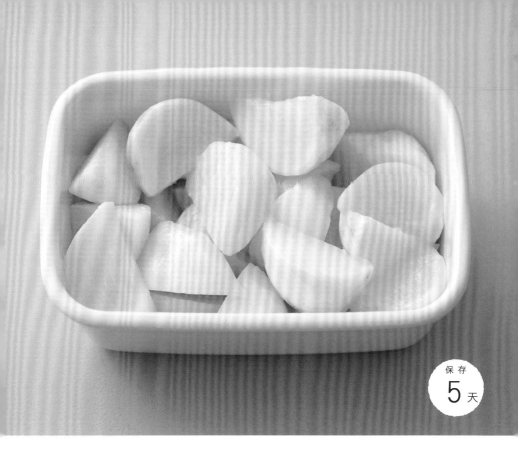

保存
5 天

檸檬油蒸蕪菁

材料● 3 又 1/2 杯份

蕪菁…6 顆（500g，切半月形）

a 橄欖油、檸檬汁…各 1 大匙
鹽…1/4 小匙

製作方法

① 把蕪菁放入鍋子裡，將混合好的材料 a 淋遍全體。

② 蓋上蓋子開中火，冒出蒸氣後轉小火煮 5 分鐘，一直加熱到蕪菁確實熟透再關火。

> Memo 蕪菁含有許多澱粉酶而有助於消化，用來搭配比較油膩的料理是非常方便的常備菜。除此之外，可以搭配煮過的蔬菜和水煮豆子做成豆子沙拉，或是把生鮮蔬菜一個個切碎後做成碎沙拉，也可以當成湯裡的配料。

養成瘦身習慣的吃飯方式

蔬菜優先

最近經常聽到「蔬菜優先」這一個名詞。意思是「吃飯時先從蔬菜開始吃」，但說到理由的話……？

如果一開始先從飯或麵包一類的主食，也就是醣類較多的東西開始吃的話，血糖數值會急遽上升。為了降低血糖的數值，會使得胰島素被大量地分泌。

胰島素會將醣類轉變為脂肪囤積起來，因此分泌太多胰島素就會容易變胖。

如果要抑制胰島素的分泌，就要採取蔬菜優先的吃飯方式。

蔬菜、菇類或海藻類等植物性素材中，含有滿滿的膳食纖維。膳食纖維會減緩醣類的吸收，一開始先從這些開始攝取，之後再吃主食類等醣類較多的食物，也可以抑制血糖數值的急遽上升，防止胰島素分泌過剩。以結果來說，即使攝取相同內容的一餐，也不容易變胖。

更進一步來說，富含膳食纖維的植物性素材有著紮實的咬勁，因此不好好咀嚼就無法將它吃下去。

而咀嚼會刺激飽足中樞，因此也有防止吃太多的效果。

自此開始流行起了「蔬菜優先」一詞。若經常備好蔬菜、菇類和海藻類等植物性素材料理的話，就能夠簡單地實現，這點非常的棒！

在吃飯時一開始先攝取大量膳食纖維，就這一點來說，比起生鮮蔬菜的沙拉，稍微加熱過後減少了體積的料理才是最好的。將它煮過、蒸過或炒過之後保存起來，養成在吃飯時優先攝取本書中介紹過的常備菜的習慣吧！

Slimming Vege Stock

只需攪拌

當成副菜的
蔬菜常備菜

只要用自己喜歡的調味料，拌上生鮮蔬菜或者是稍微加熱過的蔬菜就好！
雖然是非常簡單的料理，但冰箱裡如果總是能儲備一些涼拌料理的話會非常有幫助。
只要直接裝盤，就算是完成了一道蔬菜料理。
用於便當或當成小菜也很方便，只要做點變化，就可以吃到最後都吃不膩。

只需攪拌

醋拌蒟蒻絲
和白蘿蔔

材料 ● 2 杯份

白蘿蔔⋯150g（切成長 5cm 的細絲）
白瀧蒟蒻絲⋯1 包（180g，切段後汆燙備用）
鹽⋯1/4 小匙

a
│ 醋⋯70ml
│ 砂糖⋯1 大匙
│ 鹽⋯1/4 小匙
│ 水⋯2 大匙
│ 辣椒⋯1 根（切半剔除種籽）

製作方法

① 將白蘿蔔與蒟蒻絲放入調理碗中，加入鹽攪拌均勻。

② 擰乾步驟 ① 的水氣，拌入材料 a 後即可保存。

保 存
6 天

麵量減半的
清爽炒素麵

材料 ● 2 人份

醋拌蒟蒻絲和白蘿蔔
　…1 又 1/4 杯份
素麵…50g（汆燙 2 分鐘）
油…適量
醬油…1 又 1/3 小匙
韭菜…1 把（100g，切段）

製作方法

① 熱油之後加入醋拌蒟蒻絲和
　白蘿蔔與素麵一起拌炒。
② 以醬油調味，並加入韭菜攪
　拌均勻。
③ 韭菜炒軟後即可關火。

豆漿涼拌菜

材料 ● 2 人份

醋拌蒟蒻絲和白蘿蔔…1/2 杯份
巴西利（切碎）…1 大匙
豆漿…1 大匙
味噌…1/2 小匙

製作方法

① 將所有食材放在一起攪拌均
　勻。

豆腐涼拌菜

材料 ● 2 人份

　┌木棉豆腐…1/3 塊
a │　（100g，擰乾水分）
　└白味噌…1 小匙
醋拌蒟蒻絲和白蘿蔔…1/3 杯份

製作方法

① 用研磨缽將材料 a 的食材磨
　碎，再用食物攪拌器攪拌至
　細滑狀。
② 瀝乾醋拌蒟蒻絲和白蘿蔔的
　水分並切成段備用。
③ 將步驟 1 與步驟 2 攪拌均
　勻。

> *Memo* 加入富含膳食纖維且超低卡路里的蒟蒻絲，化身
> 為健康的涼拌菜。炒過之後會中和酸味，大量加入炒麵、
> 炒烏龍麵、和風義大利麵等料理中，可以減少攝取碳水化
> 合物。當作炸春捲與生春捲的內餡也非常推薦！

只需攪拌

碎乾貨涼
柚子醋

材料 ● 2 杯份稍多

白蘿蔔 400g（磨碎）
切過的海帶芽 6g（稍微過水清洗）
白蘿蔔乾 7g（洗淨後切塊）
柚子醋 1 大匙

製作方法

1 將所有食材放在一起攪拌均勻。

保存
3 天

即席的一口風
白蘿蔔絲餅

材料● 2 人份

a | 碎乾貨涼拌柚子醋…1 杯份
上新粉…6 大匙
日式太白粉…2 大匙
芝麻油…適量

製作方法

❶ 將材料 a 放入調理碗裡用叉
子等用具確實地攪拌混合。
將這個材料放入耐熱容器內
包上保鮮膜，蓋上保鮮膜的
狀態下用 800W 的微波爐加
熱 3 分鐘。

❷ 在平底鍋裡放入油加熱，將
材料 1 整平成 1cm 厚的長
方形狀，兩面煎成金黃酥脆
狀。

雪見湯 *

材料● 2 人份

碎乾貨涼拌柚子醋…3/4 杯份
鹽昆布…5g
水…400ml

製作方法

❶ 將全部的材料稍微煮開即
可。

*雪見（みぞれ）是一種在鍋子裡加入
白蘿蔔乾熬煮，熟透後呈現半透明狀，
看起來很像雨雪交加的一種狀態。因此
稱之為雪見！

雁擬豆腐
佐香菇泥醬汁

材料● 2 人份

雁擬豆腐…2 塊
（煎成酥脆狀）

a | 碎乾貨涼拌柚子醋
…1/3 杯份
金針菇…50g
（將根部切除）
昆布高湯…80ml
白蘿蔔葉…15g（切蔥花）
醬油…1/2 小匙
日式太白粉…1/2 小匙
（溶進 3 倍量的水裡）

製作方法

❶ 將材料 a 稍微煮滾、用加水
溶解的日式太白粉勾芡。

❷ 將步驟 1 淋上雁擬豆腐。

> Memo 乾貨豐富的膳食纖維能幫助體內排毒，含有的礦
> 物質鉀也能防止水腫。不需預先處理、只要與白蘿蔔乾攪
> 拌均勻即可自然地還原，除了營養不會流失之外、也有能
> 夠吸收白蘿蔔湯汁的特點。因為能夠促進消化，請將它加
> 在肉或魚的煎炒料理之上，一起搭配吃吃看吧！

只需攪拌

綜合豆洋蔥
塔巴斯科醬

材料 3 杯份

綜合豆…2 小罐（250g）
洋蔥…1/2 顆（100g，切成薄片過水瀝乾後備用）
塔巴斯科辣醬…1 小匙
鹽…1/4 小匙

製作方法

① 將所有食材放在一起攪拌均勻。

保存
5 天

Arrange Recipe

即席風辣豆醬

材料 ● 2 人份
綜合豆洋蔥拌塔巴斯科醬
　…2/3 杯份
大蒜…1 片（切碎）
橄欖油…適量
番茄罐頭　2/3 罐（270g）
塔巴斯科辣醬…1/2 小匙

製作方法
① 橄欖油加熱後拌炒大蒜，出
　現香氣後加入綜合豆洋蔥拌
　塔巴斯科醬。
② 加入番茄罐頭與塔巴斯科辣
　醬燉煮 5 分鐘。

微辣風豆泥

材料 ● 2 人份
綜合豆洋蔥拌塔巴斯科醬
　…3/4 杯份
豆漿…3 大匙

製作方法
① 將一半的綜合豆洋蔥拌塔巴
　斯科醬切碎備用。
② 將步驟 ① 剩下的量與豆漿一
　起以食物攪拌機絞碎，並與
　步驟 ① 攪拌均勻。

火烤酪梨綜合豆

材料 ● 2 人份
酪梨…1 顆（對半切）
綜合豆洋蔥拌塔巴斯科醬
　…1/2 杯稍少
橄欖油…適量

製作方法
① 將綜合豆洋蔥拌塔巴斯科醬
　放在酪梨上，淋上少許橄欖
　油。
② 用烤魚爐的強火燒烤 5 分
　鐘。

> Memo 這道常備菜中含有豆類的膳食纖維與洋蔥的寡
> 醣，能讓腸胃保持清爽。塔巴斯科辣醬的辣椒素可以加速
> 新陳代謝。只要加在義大利麵裡，或者與大量蔬菜一起搭
> 配米飯，就變成一道即席風的墨西哥塔可飯＊了！

＊墨西哥塔可飯 (タコライス) 是沖繩的一種特色餐點。是將使用在
墨西哥在地美食「塔可」(Taco，墨西哥夾餅) 中的絞肉、起司、萵苣、
番茄等配料和莎莎醬混合後盛在飯上的料理。

保存
5 天

綜合海藻西洋芹拌醋味噌醬

材料●1 又 1/2 杯份

綜合海藻…1 袋（30g，快速汆燙還原）

西洋芹…2 小支（140g，切 5cm 長之
　　後再切成薄片）

鹽…1/2 小匙

a ｜醋…1 大匙
　｜白味噌…2 大匙

製作方法

1 西洋芹加入鹽攪拌均勻，靜置 5
　分鐘之後瀝乾水分。

2 將綜合海藻與步驟 1、材料 a 全部
　攪拌均勻。

 Memo 這款常備菜大量地使用超低卡路里的健康
食材綜合海藻，以及 100g 只有 15kcal 超低熱量的
西洋芹。食用醋具有降低膽固醇的效果，可每日多
多食用。放在冷豆腐上也相當地搭配！

保存
6 天

木耳涼拌泡菜

材料 ● **3 杯份稍少**

木耳…1 袋（20g，汆燙還原）
泡菜…1 包（200g）

製作方法

① 將所有食材放在一起攪拌均
匀。

Memo 木耳膳食纖維多且熱量低。泡菜中的辣椒
素不只能提升代謝能力，因為是發酵食品也有利於
體內排毒。除了直接當作配菜，也可放入高湯中熬
煮，加入豆腐就是泡菜鍋了！

保存
3 天

蒸山藥拌
白味噌

材料● 3 杯份稍少

山藥…200g（切丁切成1cm大小）
白味噌…3 大匙

製作方法

1 在預熱好的蒸籠裡放入山藥蒸
  5 分鐘。

2 將步驟 1 與白味噌拌勻。

> *Memo* 山藥黏稠的成份稱為黏液素，是膳食纖維的一種，可減緩醣類的吸收。要打造不易發胖的體質，山藥就是最佳的夥伴！蒸熟之後加入白味噌，就會不可思議地出現起司的風味。可以直接吃，也可以搭配麵類一起享用！

保存
5 天

豆芽菜昆布絲
拌芝麻醋醬

材料 ● 1 又 1/2 杯份

豆芽菜…100g（快速地汆燙過）
昆布絲…10g（快速地汆燙過）

a
白芝麻…1 大匙
醋、味醂…各 2 小匙
醬油…1 小匙

製作方法

① 在調理碗裡混合材料 a。

② 將豆芽菜與昆布絲加入步驟 1 攪拌均勻入味。

> 🖉 Memo　豆芽菜 100g 只有 14kcal，不只熱量低而
> 且還富含維生素 B 群，有助於食物代謝。
> 加入膳食纖維豐富的昆布與芝麻，能夠讓瘦身效果
> 加倍！除了直接吃，也可以當作中式湯品或春捲的
> 配料。

只需攪拌

麥片拌碎黃豆
佐生薑醬油

材料 ● **1 又 1/2 杯份**

押麥⋯1/4 杯份（40g，汆燙過）
水煮黃豆⋯1/2 杯份（80g，切成粗粒）
薑⋯15g（磨碎）
醬油、味醂⋯各 1 小匙

製作方法

① 將所有食材攪拌均勻入味。

保存
5 天

加強左頁常備菜的風味，
以芝麻油拌炒就變成蝦鬆風味。
用萵苣包著吃，就像肉捲一樣。

麥片黃豆鬆

材料 ● 2 人份

麥片拌碎黃豆佐生薑醬油
　　…1/2 杯份
長蔥…20cm（60g，切末）
芝麻油…適量
酒…4 大匙
醬油…1 小匙
萵苣…適量

製作方法

① 以芝麻油熱鍋翻炒長蔥。

② 出現香味之後加入麥片拌碎黃
　豆佐生薑醬油拌炒，再淋上酒
　與醬油。

③ 水分收乾之後關火。放在萵苣
　上包著即可享用。

Memo 押麥與黃豆皆富含膳食纖維！生薑
中的生姜酚具有促進體內脂肪與醣類燃燒之
功效，因此兩者相結合最適合用於瘦身菜單。
只要拌在米飯中就可以做成有利減重的黃豆
押麥飯。

牛蒡拌蔥鹽

材料●1 又 1/2 杯份稍少

牛蒡…100g（刨絲之後迅速地汆燙）

a
長蔥…20cm（60g，切末）
鹽…1/3 小匙
芝麻油…1 小匙

製作方法

① 將材料 a 放入調理碗中混合，加入牛蒡後攪拌均勻入味。

Memo 這款桌邊常備菜融合兼具水溶性、非水溶性 2 種膳食纖維的牛蒡，以及富含寡醣的長蔥。可與其他蔬菜組合，做成中式風味的牛蒡沙拉；或者拌入白飯中，做成牛蒡飯或散壽司；亦可當作豆腐或豆渣涼拌菜的食材。

保 存
5 天

加入麵粉與少量的水拌勻製作成麵糊，然後煎地酥酥脆脆，
就是韓國料理中的蔬菜煎餅了！

牛蒡煎餅

材料● 2 人份

　　牛蒡拌蔥鹽…1/2 杯份
a　麵粉…4 大匙
　　水…2 小匙
芝麻油…適量

製作方法

1 將材料 a 放入調理碗裡攪拌均勻。
2 以芝麻油熱鍋，將步驟 1 的麵糊分成數份煎至香脆。

保存
5 天

寒天絲山芹菜拌
柚子胡椒油醬

材料 ● 1 又 3/4 杯份

寒天絲…30 條（7g，用廚房剪
　刀剪成 3 等份）

山芹菜…2 把（100g，切成段）

a ｜ 柚子胡椒…1/4 小匙
　｜ 橄欖油…1 小匙
　｜ 鹽…1 撮

製作方法

① 將調理碗與篩網疊在一起，放入寒天絲與山芹
　菜。

② 均勻淋上熱水後，把篩網拉高瀝乾水分。

③ 混合材料 a 之後，加入步驟 2 攪拌均勻。

> Memo　寒天不只熱量超低，100g 中還含有 80.9g
> 的膳食纖維。纖維量大幅高於所有食材。山
> 芹菜中富含礦物質鉀，可以有效防止浮腫。這道涼拌
> 菜也適合拿來做湯品，熬製的湯在夏季當作冷湯喝
> 也相當地美味！

香菇蒟蒻絲拌
微辣醬油

材料 ● 1 又 3/4 杯份

切片乾香菇…30 片（8g）
蒟蒻絲…1 小包（200g，切成段）

a
 ┌ 酒…4 大匙
 │ 醬油…1 大匙
 └ 辣椒…2 根（切成小段）

製作方法

1 將乾香菇與蒟蒻絲汆燙 1 分鐘。

2 材料 a 煮滾之後，加入瀝乾的步驟 1 攪拌均勻入
味。

> ✎ Memo 乾香菇與蒟蒻絲都是低卡食物。除了多吃也不
> 用擔心變胖之外，豐富的膳食纖維還有助於清
> 腸胃。辣椒中的辣椒素亦可促進新陳代謝！可作為豆
> 腐、豆渣涼拌菜、豆腐漢堡排等料理的配料，是減重菜
> 單中寶貴的常備菜。

保存
3 天

小白菜拌
昆布青蔥

材料● 1 又 1/2 杯份

小白菜…2 株
　（270g，切除根部後對半切，汆燙）

a
｜鹽昆布…1 又 1/2 大匙（9g，切成段）
｜長蔥…10cm（30g，切末）
｜芝麻油…1 小匙

製作方法

① 在調理碗中混合材料 a。

② 攪拌均勻步驟 1 與小白菜。

> ✎
> Memo　小白菜富含礦物質鉀，有助於提升水分代
> 謝。長蔥中的二烯丙基硫化物能讓血液流
> 通順暢，可提高新陳代謝的能力。小白菜炒過之後，
> 色澤會隨時間的經過變差並出水，雖然不適合當作
> 常備菜，但若只是汆燙的涼拌菜就 OK。可以直接當
> 作配菜食用喔！

茄子拌
紫蘇粉薑末

材料 ● **2 又 3/4 杯份**

茄子⋯4 條（360g，切圓片並泡在鹽水中去除澀味）

紫蘇粉⋯1 大匙

薑⋯1 又 1/2 片（切末）

製作方法

① 輕輕地把茄子的水氣擰乾，加入
紫蘇粉與生薑攪拌均勻。

Memo 茄子中的茄花青素是一種多酚，具有降低膽固醇的功效。茄花青素多存在於外皮，所以切圓片帶皮一起吃最好。紫蘇粉中的鹽分可以去除茄子裡的水分，優點是可以多吃也沒有關係！

只需攪拌

高麗菜油豆皮拌榨菜

材料 ● 1 又 3/4 杯份

高麗菜…2 片（100g，切成 2cm 見方並快速地汆燙）
油豆皮…1 片（50g，用水汆燙瀝去油分，切成 2cm 見方）
調味榨菜…20g（切碎）
芝麻油…1 小匙
醬油…1 小匙

製作方法

① 將所有食材放在一起攪拌均勻。

保存
5 天

將左頁的常備菜切成粗末，加入太白粉一起攪拌，就可以當作素餃子或素春捲的內餡。

素餃子

材料●10 個餃子的份

a 高麗菜油豆皮拌榨菜
…2/3 杯稍多（切成粗末）
長蔥…5cm（切末）
太白粉…1 小匙稍多

餃子皮…10 張

芝麻油…適量

製作方法

❶ 將材料 a 混合在一起，當作餃子的餡料。用湯匙挖一瓢放在餃子皮上包起來。

❷ 在平底鍋上淋芝麻油，將步驟 ❶ 排放在鍋中開大火煎，煎至酥脆時倒入 1/4 杯的水（食材清單外的量），蓋上鍋蓋半蒸半煎。

❸ 待水分收乾後即可打開鍋蓋，煎至酥脆後便關火。

> *Memo* 白蘿蔔中的大量澱粉**酶**，在高麗菜中也含量豐富。可助消化，非常適合搭配肉類或油膩的料理。加上豆皮可增添飽足感。除了當作餃子的內餡，也可以當作春捲或炒麵、炒烏龍等拌炒食材。

保存
5 天

紫甘藍菜拌
紫蘇醬菜

材料● 3 又 1/4 杯份

紫甘藍菜…1/4 個（250g，切塊）
紫蘇醬菜…75g（切粗末）
鹽…1/4 小匙

製作方法

① 將全部的食材倒入塑膠袋中，用
力揉捏擠壓。

> Memo 紫甘藍菜含有豐富的花色素苷、有助於抗老化，而且消化酵素澱粉酶也能幫助消化，打造出不易發胖體質。除了直接當作速成醬菜享用以外，也可當作沙拉或炒青菜的配料食材。

保存
3 天

醋味豆渣

材料● 2 杯份稍多

豆渣…2 杯（150g）

紅蘿蔔…1/3 根（60g，切成細絲）

油…適量

醋…3 大匙

醬油…2 小匙

a ｜昆布高湯…2 大匙
　｜味醂…4 大匙

製作方法

① 熱油鍋，翻炒豆渣與紅蘿蔔。

② 在小鍋中煮沸材料 a，待酒精蒸發後移至調理碗等容器內加入醋與醬油。

③ 在步驟 2 中加入步驟 1 攪拌均勻入味。

> 🖉
> Memo　豆渣的膳食纖維含量約為牛蒡的 2 倍，而且也富含減肥時容易缺乏的蛋白質。紅蘿蔔的胡蘿蔔素具有美容效果，就連醋本身都具有瘦身功效，這道菜可以說是超強瘦身常備菜！每天都可以大量攝取喔！

小番茄
拌水雲藻

材料● 1 又 3/4 杯份

紅、黃小番茄…各 1/2 包（各 100g，對半切）

水雲藻（無調味）…3/4 杯份（90g）

a
酒精煮至揮發的酒…1 大匙
醬油、醋…各 1 大匙

製作方法

① 將所有食材放在一起攪拌均勻。

> 🖊
> Memo 小番茄富含茄紅素可抑制壞膽固醇，是瘦身的良伴。搭配低卡路里且膳食纖維豐富的「瘦身食材」——水雲藻，效果更加倍！除了直接食用外，加入昆布高湯中當作湯品也很美味。

秋葵拌海帶根

材料 ● **1 又 3/4 杯份**

秋葵…2 小包（150g，快速汆燙後切成小段）

海帶根（無調味）…1/2 杯（70g）

a | 昆布高湯…2 大匙
  | 醬油…2 小匙

製作方法

① 海帶根加入材料 a 調味，再與
秋葵攪拌均勻。

> Memo　秋葵與海帶根都是口感黏稠的食材，含有大量黏液素。黏液素可以減緩醣類與脂肪的吸收，所以在吃大餐的日子一定要拿來當作配菜！另外，加在白飯、素麵、蕎麥麵、烏龍麵上，就可以不必在意醣類盡情享用了。

保存
3 天

花椰菜拌
美乃滋風味白味噌醬

材料 ● **2 又 3/4 杯份**

白花椰菜…2/3 棵（300g，分成小朵後汆燙）

a│白味噌、醋、豆漿…各 2 又 1/4 大匙
　│顆粒黃芥末醬…1/2 大匙

製作方法

① 將調味料 a 混合後，再與花椰菜一
　起拌勻。

Memo 花椰菜有嚼勁，但 100g 只有
27kcal 的低熱量。若不使用美乃滋，而是
使用這道食譜的「美乃滋風味」豆漿醬汁，
就更適合瘦身了。搭配其他的蔬菜做成沙
拉、當作焗烤、法式鹹派、歐姆蛋的內餡
也非常推薦！

保存
5 天

蓮藕拌
大蒜梅乾

材料● 2 又 1/2 杯稍少

蓮藕…200g（切薄片後汆燙）

a ┤ 梅乾…3 顆（淨重 30g）
   └ 大蒜…1 小片

製作方法

① 將材料 a 一起用菜刀切碎

② 將步驟 1 與蓮藕攪拌拌勻。

> 🖊
> Memo
> 蓮藕的黏液素可阻擋醣類與脂肪的吸收，而大蒜的維生素 B 群有助於代謝醣類與脂肪，兩者互相搭配之下效果更加倍。梅子風味口感清爽，可直接當作配菜享用。另外，也可以改做成豆腐、山藥泥涼拌菜。切碎之後拌飯吃也非常推薦！

71

讓涼拌料理更簡單

增添鮮味的食材

沙拉與涼拌菜、熱炒類等菜餚，大多都會加入火腿或培根、少量的肉類或魚貝類。

有時是為了增加鮮味、風味或是分量，但是添加之後，脂肪與卡路里也隨之而增多。然而，不使用這些食材的植物性料理，因為缺少肉類與魚貝類等食材的鮮味，調味上總是會變得比較清淡。不過，這時候再加上一點巧思就能克服了。

只要搭配能夠補足風味與鮮味的食材即可。譬如說，在涼拌菜或沙拉中，加入切碎的醬菜。中式風的涼拌菜可以加入榨菜，韓國風的話則可以加入泡菜。只要加入燙青菜或豆芽菜、切絲的白蘿蔔、高麗菜等食材中拌一拌，就能完成美味的菜餚。如果是和風的涼拌菜，只要加入醃黃蘿蔔、紫蘇醬菜即可。

切碎之後也能當作豆腐涼拌菜的調味料，或者成為芝麻涼拌菜的提味食材也十分美味。

鹽味昆布與烤海苔也是很方便的食材。無論是煎炒或燉煮，只要加入鹽味昆布就能增加風味，而且還能代替高湯。在涼拌菜或冷豆腐上撒海苔，菜餚頓時充滿海潮香氣，立刻讓美味更升級。

另外，紫蘇粉與梅乾等具有鹽味與酸味的食材，能夠讓整體味道增添層次感，只要能夠常備這些能添加鮮味的食材，做菜時一定大有幫助。

除了梅乾、鹽味昆布、紫蘇醬菜、海苔、醃黃蘿蔔、紫蘇粉以外，還有榨菜、泡菜、米糠醃菜、薯蕷昆布絲等許多能夠增加鮮味的食材。
這些食材對涼拌、燉煮、煎炒等料理而言，都是無上的珍寶。

Slimming Vege Stock

只需醃漬

短時間就能製作出
能長期享用的
瘦身常備菜

將素材醃漬在調味料中的調理法，是常備菜製作的王道。
醃泡或南蠻漬、淺漬、高湯浸泡等等，除了讓醬汁完全地入味提昇美味之外，
因為醋或鹽的效果提升食物保存的期限也是一大特點。
取代沙拉就這樣直接品嚐，或是作為襯托料理風味的配料也相當地方便。

只需醃漬

脆醃紅蘿蔔與
蘿蔔乾

材料　2 又 1/2 杯份

白蘿蔔乾　60g（洗好後切段）
紅蘿蔔　1/3 根（60g，切細絲）

水　160ml
醋　2 大匙
醬油　1 大匙

製作方法

1　將材料　全部倒入調理碗中，再將全
部材料攪拌均勻醃漬入味。

保存
6 天

油豆皮炒蘿蔔乾

材料● 2 人份

a
　脆醃紅蘿蔔與蘿蔔乾
　　…1/2 杯份稍少
　油豆皮…1 片（瀝乾油分後縱
　　切成兩半，再切成 7mm 寬）
油…適量

b
　醬油…1/2 小匙
　酒…2 大匙
　水…1/2 杯

製作方法

❶ 將油加熱後拌炒材料 a。

❷ 加入材料 b 後用長筷一面攪拌一面持續翻炒，炒至水分收乾後關火。

高麗菜與蘿蔔乾三明治

材料● 2 人份

a
　脆醃紅蘿蔔與蘿蔔乾
　　…3/4 杯份稍少
　高麗菜…2 片
　　（100g，切細絲）
　美乃滋…4 大匙
　芥末醬…2/3 小匙
三明治麵包…4 片（烤一烤）

製作方法

❶ 將材料 a 在調理碗中攪拌均勻。

❷ 將步驟 1 放在麵包上，再以另一片麵包夾住，切成方便食用的大小即可。

蘿蔔乾舞菇即席酸辣湯

材料● 2 人份

a
　脆醃紅蘿蔔與蘿蔔乾
　　…1/3 杯份
　舞菇…40g（去除根部，撕開）
　水…2 杯
　醋、醬油…各 1 小匙
鹽…少許
香菜…適量（切碎）

製作方法

❶ 將材料 a 放入鍋中，轉中火煮開。

❷ 放入少量鹽巴提味，裝盤後撒上香菜。

Memo 蘿蔔乾含有豐富的酵素，可以促進消化。調味所用的大量的醋也具有瘦身的效果。蘿蔔乾與紅蘿蔔具有甜味，因此可以不使用砂糖。是一款製作簡單並具有高瘦身效果的常備菜。也可以添加在蔬菜沙拉等菜餚上每天食用。

只需醃漬

醃漬黃瓜昆布絲

材料　3 杯份

小黃瓜　3 大根（360g，切大塊）

昆布絲　10g（洗淨）

大蒜　1 片（對半切）

水　5 大匙

鹽　1/3 小匙稍多

醋　1/2 大匙

製作方法

1 將小黃瓜裝入保鮮袋內，
　加入材料　後放入冰箱冷
　藏一晚，醃漬入味。

保存
5 天

即席冷湯

材料● 2 人份

醃漬黃瓜昆布絲
　…1/3 杯份（切成小片）
水…300ml
鹽昆布…15g（切碎）
研磨白芝麻…2 小匙

製作方法

❶ 將所有材料混合攪拌均勻。

中式黃瓜炒甜椒

材料● 2 人份

醃漬黃瓜昆布絲
　…3/4 杯份（切成一口大小）
紅甜椒、黃甜椒…各 1/4 顆
　（切成一口大小）

a
｜薑、大蒜
｜　…各 1/2 片（切末）
｜長蔥…3cm（切末）

芝麻油…適量
豆瓣醬…1/2 小匙

b
｜酒…1 大匙
｜醬油…1/4 小匙
｜醃漬黃瓜昆布絲的湯汁
｜　…1/2 大匙

製作方法

❶ 將芝麻油加熱後拌炒材料
　a，炒出香氣後加入豆瓣醬
　翻炒。

❷ 將醃漬黃瓜昆布絲和甜椒加
　入步驟 1 中拌炒均勻，再以
　材料 b 調味。

手拍黃瓜
涼拌山藥

材料● 2 人份

醃漬黃瓜昆布絲…1/3 杯份
　（用研磨杵拍碎）

a
｜山藥…90g（磨碎）
｜醃漬黃瓜昆布絲的湯汁
｜　…1/2 大匙
｜醬油…1/2 小匙

製作方法

❶ 將材料 a 混合，再與醃漬黃
　瓜昆布絲攪拌均勻。

Memo 小黃瓜含有的礦物質鉀能夠改善浮腫。昆布含有的膳食纖維可以清潔腸胃。而且低卡路里！蒜頭含有的維生素 B 群可以提升新陳代謝能力。將其作為常備菜，添加在油膩的菜餚上吧！醃漬後的湯汁也具有豐富的營養，可以用來代替高湯使用。

保存
3 天

青椒醃漬煎豆腐

材料● 3 杯份稍多

煎豆腐…220g（切成一口大小）
青椒…3 ～ 4 個（130g，切成一
　口大小的不規則形狀，汆燙過）
　芝麻油…1/2 大匙
a 醋…1 又 1/2 大匙
　醬油…2 又 1/4 小匙

製作方法

❶ 將材料 a 在碗中混合。

❷ 將煎豆腐和青椒加入步驟 1 中攪拌均勻入味。

 Memo 豆腐含有豐富的皂素，具有抑制脂肪堆積的效果，而青椒含有的辣椒素則具有燃燒脂肪的效果，兩者組合後效果加倍。使用有口感的煎豆腐，因為分量十足，即使減少攝入高卡路里的主菜，也不會感覺到饑餓。

保存
3 天

高湯醃漬烤茄子
與雁擬豆腐

材料●2 杯份

茄子…3 條（240g，用烤網烤到變黑，去皮後輕輕撕開）
雁擬豆腐…1 個（85g，瀝乾油分後切成 8 等份）
a｜昆布高湯…1/2 杯
　｜醬油…1 小匙

製作方法

① 將茄子和雁擬豆腐放入材料 a
中浸泡醃漬。

Memo 以雁擬豆腐增加低卡路里的烤茄子的分量
感。隨意吃個午餐時，如果用這道作為主菜，即使
在瘦身也可以安心食用。吃的時候可以加一些生薑
末。生薑含有的生薑酚可以提高瘦身效果。少量添
加一些素麵也很搭喔！

保存
5 天

檸檬橄欖油
醃漬寒天棒與番茄

材料 ● 3 杯份稍多

寒天棒⋯1 條（洗淨，切成一口大小）
番茄⋯2 個（300g，切成一口大小）
檸檬汁⋯2 小匙
橄欖油⋯2 小匙
鹽⋯1/2 小匙

製作方法

❶ 將材料全部混合攪拌均勻入味。

✎ Memo　超低卡路里含量的寒天與具有消除肥胖功效的番茄，兩種最強食材組合的醃漬沙拉。調味也是重點。檸檬含有的檸檬酸可以提高新陳代謝能力，橄欖油可促進腸道蠕動。不僅可以直接食用，也可以混入葉菜沙拉內，或者與義大利冷麵搭配也很美味。

保存
5 天

辣醬油
醃漬芹菜與鹿尾菜

材料● 1 又 3/4 杯份

芹菜…1 根（100g，切成長 5cm 的薄片後汆燙過）
長鹿尾菜…15g（泡水還原後迅速地汆燙）

　　昆布高湯…1/4 杯
a　醋、醬油…各 1 小匙
　　辣油…1/4 小匙

製作方法

① 先將材料 a 混合，再加入芹菜和
鹿尾菜攪拌均勻入味。

> 🖊 100g 芹菜的卡路里含量為 15kcal，再加
> Memo 上富含膳食纖維的鹿尾菜，徹底清潔你的
> 身體內部。還添加了具有降低膽固醇作用的醋及含
> 有辣椒素的辣油！淋在炸豆腐或雁擬豆腐上也很搭
> 喔！

保存
5 天

醃漬蘿蔔沙拉

材料● 2 又 1/2 杯份

紅蘿蔔…1 大根（200g，切細絲）

鹽…1/3 小匙

a
檸檬汁…1 又 1/3 大匙
橄欖油…1 小匙
醃黃蘿蔔…30g（切碎）

製作方法

① 將紅蘿蔔和鹽放入調理碗中拌勻，靜置 5 分鐘。

② 將步驟 1 輕輕擰乾水分，再加入材料 a 攪拌均勻。

> Memo　頗受歡迎的食譜紅蘿蔔沙拉，以醃黃蘿蔔進行提味，即使減少了油的用量，也可以很美味。讓在瘦身中的你也可以大口大口享受美味。除了可以添加在葉菜沙拉或馬鈴薯泥沙拉上，還可以作為三明治或義大利冷麵的配菜，作為煮湯的材料使用也很方便。

保存
5 天

高湯醬油醃漬
大豆、蓮藕與蒟蒻

材料●1 又 1/2 杯份

水煮大豆…1/4 杯（40g）
蓮藕…1/3 節（50g，切成 1cm 寬小丁後汆燙 1 分鐘）
蒟蒻…1/2 片（100g，切成 1cm 寬小丁後汆燙 1 分鐘）

a ｜ 昆布高湯…1/2 杯
　　醬油…1 大匙

製作方法

① 先將材料 a 混合，再加入剩下的材料
　 攪拌均勻入味。

> Memo　大豆含有的皂素可以幫助燃燒脂肪，蓮藕和蒟蒻含有的膳食纖維可以阻止醣類和脂肪吸收。是一款很想讓人添加在平日菜餚當中的瘦身菜。大量添加到飯或散壽司裡的話，還可以減少碳水化合物的攝取。

只需醃漬

醃漬大豆花椰菜

材料● 2 杯份稍多

白花椰菜…1/3 棵（150g，分成小朵）
水煮大豆…1/2 杯（75g）
大蒜…1 片（切成薄片）
水…1/2 杯
醋…3 大匙
楓糖…1/2 大匙

製作方法

① 將材料全部煮沸後，待冷卻後放入冰
　箱保存。

保存
1週

加入豆腐變成咖哩風味的燉煮菜。煮過之後醃漬的酸味變得更柔和。

醋煮大豆花椰菜

材料● 2 人份

醃漬大豆花椰菜…1 杯份
昆布高湯…1 杯
木棉豆腐…1/3 塊
　　（100g，切成一口大小）
咖哩粉…1/2 小匙
醬油…1 小匙

製作方法

① 將材料全部倒入鍋中，轉成中火。

② 煮沸之後轉成小火煮 10 分鐘，直至花椰菜煮爛。

Ｍｅｍｏ 醃泡汁可以攝取到大量的醋，幫助降低中性脂肪且方便保存，是最強的瘦身常備菜。大豆含有可以減少脂肪的皂素，白花椰菜含有大量可以促進水分代謝的礦物質鉀，二者是具有平衡感的組合。蒜頭含有的二烯丙基硫化物可以降低血液的濃度。

只需醃漬

醋醃寒天棒與黃瓜

材料● 2 又 1/2 杯份

小黃瓜…3 大根（360g，切成小片）

鹽…3/4 小匙

寒天棒…1/2 條（4.5g，洗淨後剝片）

a
醋…4 又 1/2 大匙
酒精煮至揮發的味醂…3 大匙
薑…1/2 大匙（切末）

製作方法

❶ 將小黃瓜倒入調理碗中、加入鹽巴攪拌均
匀，靜置 5 分鐘後擰乾水分。

❷ 在另一個調理碗中放入寒天棒，混入材料
a 後靜置 5 分鐘。

❸ 將步驟 1 和步驟 2 混合攪拌均勻。

＊味醂倒入小鍋中，充分煮沸後放到冷卻再
使用。

在左頁的常備菜中加入梅乾、水，稍微煮沸一下，寒天融化後即可製成黏糊糊的醬汁。

煎豆腐配
黏糊黃瓜梅子醬

材料 ● 2 人份

木棉豆腐…1 塊
　　（瀝乾水分，橫切成兩半）
麵粉…適量
油…適量

a
　醋醃寒天棒與黃瓜…1/2 杯
　梅乾…1 個
　　（用菜刀拍一拍）
　昆布高湯…50ml

製作方法

① 將木棉豆腐裹一層麵粉，平底鍋放油加熱後將豆腐煎至兩面金黃。

② 將材料 a 加入鍋中，稍微加熱。

③ 將步驟 1 裝入盤中，再將步驟 2 淋在上面。

Memo 這是一款可以完全不用擔心卡路里的常備菜。寒天和醋搭配在一起，寒天會吸收醋，讓你攝取足夠的「瘦身素材」。黃瓜含有的礦物質鉀也可以擊退浮腫。直接涼涼地淋在涼拌豆腐上也很美味喔！

只需醃漬

保 存
5 天

橘子汁醃
紅蘿蔔與寒天絲

材料 ● 3 又 1/2 杯份

紅蘿蔔…2 根（300g，切細絲）
鹽…1/3 小匙稍多
寒天絲…10g（用剪刀剪成 3 等份）

a
｜現榨橘子汁…5 大匙
｜醋…1 又 1/2 大匙
｜橄欖油…1/2 大匙

製作方法

1 將紅蘿蔔倒入碗中，加入鹽巴攪拌均勻後靜置 5 分鐘。

2 將步驟 1 放在篩網上稍微瀝乾水分。

3 用材料 a 的醃泡汁醃漬步驟 2 與寒天絲。

Memo　橘子及紅蘿蔔都含有豐富的水溶性膳食纖維，寒天更是膳食纖維的寶庫。這道常備菜非常適合想要擁有暢快腸道的人食用。雖然沒有添加砂糖，但是具有微微的甜度，疲累時回復精力的效果也備受期待。也請用來搭配煎魚料理食用吧！

想要吃大量沙拉時請活用本款醃泡汁，可以增添香氣和酸味。
豐富的色彩頗具百貨美食街販售的配菜風格！

紅蘿蔔與寒天絲沙拉

材料●2 人份

橘子汁醃紅蘿蔔與寒天絲…4/5 杯份

芝麻菜…15g（切碎）

紅葉萵苣…1 小片（撕碎）

櫻桃蘿蔔…2 個（切薄片）

洋菇（有棕色的最好）…1 個（切薄片）

乾腐皮…2 片（10g，以熱水泡水還原、切成方便食用的大小）

a ┌ 醋、橄欖油…各 1 大匙
　├ 鹽…1/4 小匙
　└ 胡椒粉…1/2 小匙

製作方法

❶ 將蔬菜和腐皮攪拌均勻後裝盤。

❷ 將材料 a 的醬料混合後淋上去即可。

保存
5 天
兩種共通

番茄汁醃漬
茄子與櫛瓜

材料 ● 2 杯份

茄子…1 條（100g，切成 1.5cm 厚的片狀）

櫛瓜…1 小條（150g，切成 1.5cm 厚的片狀）

大蒜…1 片（切薄片）

橄欖油…適量

a │番茄汁（含鹽）…1 罐（160g）
　│橄欖油…1/2 大匙

製作方法

❶ 將橄欖油加熱後加入茄子、櫛瓜、蒜頭炒熟。

❷ 將材料 a 混合後醃漬步驟 1。

與起司或豆腐交疊裝盤作為前菜。

> 🖉 本款義大利風味的常備菜非常適合用作為前菜或配菜。是活
> Memo 用番茄汁的簡單食譜。茄子的苦澀味成分具有將血糖值保持
> 在正常範圍內的功效，櫛瓜含有豐富的礦物質鉀，可以促進水分的代
> 謝。還可以攝取到可幫助脂肪燃燒的茄紅素，真的是最棒的一道菜餚。

番茄汁醃漬
蘿蔔乾與洋蔥

材料 ● 3 又 1/2 杯份

白蘿蔔乾…40g（洗好後切段）

洋蔥…1 顆（200g，切成薄片泡水靜置）

番茄汁（含鹽）…300ml

製作方法

❶ 將所有材料混合攪拌均勻醃漬入味。

> 🖉 蘿蔔乾含有的消化酵素可以促進消
> Memo 化。洋蔥含有的二烯丙基硫化物可以
> 幫助降低血液黏稠度。還有番茄含有的茄紅素
> 可以促進脂肪燃燒，是「瘦身素材」的完美組
> 合。蘿蔔乾與番茄具有香氣及甜味，無需調味
> 也十分美味。和義大利冷麵也很搭喔！

與酸豆混合當作一道小菜。

保存
5 天

南蠻漬白蒟蒻

材料● 1 又 3/4 杯份稍多

白蒟蒻（去除澀味後）…1 片
（250g，切成一口大小）

a 洋蔥…1/5 小顆（30g，切薄片）
青椒…1 小顆（25g，切細絲）
紅蘿蔔…1/10 根（15g，切細絲）
辣椒…1 根（切成小段）
醬油、醋…各 1 大匙
酒、昆布高湯…各 2 大匙

製作方法

❶ 平底鍋加熱，將白蒟蒻煎至脫去水
分。

❷ 用小鍋將材料 a 煮沸，趁熱與材料 1
攪拌均勻後保存。

> Memo 　口味辛辣並以適量的醋進行調節的南蠻漬是常備菜中的經
> 典菜餚，不過如果是肉類或魚類的南蠻漬不免會讓人擔心
> 卡路里的含量。而蒟蒻南蠻漬就完全不用擔心卡路里的問題！醋可以
> 減少體脂肪，青椒及辣椒含有的辣椒素也具有很大的燃燒體脂肪效
> 果。

保存
5 天

蒜頭檸檬醃漬
南瓜與鹿尾菜

材料● 4 杯份稍少

南瓜…300g
　　（切成 7mm 厚的片狀後迅速地汆燙）
芽鹿尾菜…2 大匙（6g，快速地汆燙過）
大蒜…2 片（切薄片）
油…適量
檸檬…1 顆（120g，切薄片）
鹽…1/2 小匙

製作方法

① 將油加熱，爆香蒜頭。

② 將步驟 1 與剩下的所有材料混合攪拌均勻。

> ✎ 南瓜是很好的排毒蔬菜，豐富的膳食纖維，對清潔腸
> Memo 胃大有幫助，還含有可促進水分代謝的礦物質鉀。加
> 上鹿菜的膳食纖維，兩者作用下讓你的身體從內部感覺到清爽
> 舒暢。不論是作為副菜或配菜，還是放在薄片麵包上食用，都非
> 常美味喔！

保存
5 天

韓式泡菜風
淺漬白菜與蘿蔔乾

材料●3 又 1/4 杯份

白菜…3 片（250g，切成小塊）
白蘿蔔乾…40g（洗好之後切小塊）
鹽…1 又 1/4 小匙

a
水…125ml
韓國辣椒粉…2 又 1/2 小匙
蒜泥…2/3 小匙稍少
醋…2 又 1/2 大匙

製作方法

1 將白菜與蘿蔔乾放入調理碗中，加入鹽巴攪拌均勻後靜置 10 分鐘。

2 擰乾步驟 1 的水分。

3 將材料 a 與步驟 2 混合攪拌均勻，醃漬 10 分鐘以上至入味。

> Memo　當身體有浮腫時可以食用這道常備菜。不論是白菜還是蘿蔔乾均含有豐富的礦物質鉀，能夠促進水分代謝，而且還添加了大量辣椒，提升了代謝能力。多虧了醋的風味使得這道常備菜無需發酵，只需醃漬即可食用。

保存
5 天

日本甘酒醃漬
蕪菁與高麗菜

材料● 2 又 2/3 杯份

蕪菁…3 個（240g，切薄片）
高麗菜…3 小片（120g，切成一口大小）
鹽…3/4 小匙
a 甘酒…3 大匙
醋…1 又 1/2 大匙

製作方法

① 將蕪菁與高麗菜、鹽巴放入調理碗中攪拌均勻，靜置 10 分鐘後再擰乾水分。

② 將混合後的材料 a 與步驟 1 攪拌均勻，醃漬 1 小時以上至入味。

> Memo 蕪菁和高麗菜都含有豐富的消化酵素澱粉酶。最適合作為肉類或炸物的副菜。此外，日本甘酒是發酵食品。可以改善腸道環境，具有良好的排毒效果。雖然是醃漬食品，但令人意外的是居然與三明治也很搭喔！

乾燥蔬菜的建議

蘿蔔乾、葫蘆乾、乾香菇和鹿尾菜等乾貨類,不僅能吃出鮮味,也是充滿咬勁又方便的「瘦身素材」。雖然乾貨是本書中大為活躍的食材,但如果要使用新鮮蔬菜的話,只要運用一點小技巧就能產生不輸乾貨的美味。那就是曬蔬菜。

細切的蘿蔔曬乾後就是乾燥的蘿蔔乾;生香菇曬乾後就是乾香菇。同樣的,任何蔬菜、任一種菇類,曬乾後都會增加鮮味,咬勁也會變得更好。

在天氣好的日子曬個幾天變乾燥後,就能像蘿蔔乾等乾菜一樣長期保存,如果要在家裡風乾,只曬2～3小時到半天的「稍微曬乾」也非常輕鬆。

即使只是稍微曬個幾小時,水分也會適當地揮發,味道會確實地被濃縮。除了同樣的烹調方式也會格外美味之外,還有很多減少水分後帶來的優點。

例如快炒類。水分多的蔬菜很容易水水的,曬乾後水分減少就會比較脆。

另外藉由曬乾纖維會變軟,不管做成醬菜、拌菜或燉菜等,味道都很容易入味。

若是爽脆的蔬菜沙拉以外的用途,蔬菜只要稍微曬乾,味道就會產生驚人的差異。當然本書所介紹的每一道食譜,都能運用這種日曬技巧。

保持原樣或者切過之後平鋪在篩網上,擺在通風良好的地方靜置幾個小時即可。輕鬆地嘗試看看吧!

Slimming Vege Stock

只需拌炒，
簡單燉煮

很適合放進便當的
日式常備菜

花點工夫，拌炒或煎煮蔬菜與瘦身素材，
就能輕鬆解決一餐了。直接當成配菜或下酒菜，或是拿來做便當也很適合！
燉煮類可以切碎後用在拌飯或散壽司裡面，
快炒類也能變成沙拉或羹湯等等，讓料理一下子變得很輕鬆喔！

只需拌炒

薑末蒟蒻

材料● 1 又 1/2 杯
蒟蒻…1 片（250g，切成一口大小。
　　已經去掉澀味就能直接使用）
薑…20g（切末）
油…適量
醬油、味醂…各 1 大匙

製作方法
① 油加熱後拌炒薑末和蒟蒻。
② 蒟蒻的水分脫去後、加入醬油與味醂，水分
　收乾後關火。

保存
5 天

薑末蒟蒻豆渣

材料● 2 人份
薑末蒟蒻…1/2 杯份
油…適量
豆渣…1 杯（40g）
乾香菇切片…6 片
　（切成 1 半～ 1/3）
水…1/2 杯
醬油…1 小匙

製作方法
❶ 油加熱後拌炒薑末蒟蒻，加入豆渣、乾香菇、水與醬油。

❷ 炒乾變成顆粒狀後關火。

*原文為「たぬき汁」，在古時候指的是放入狸貓等獸肉燉煮的味噌湯，之後多指稱以蒟蒻替代肉類烹煮的素食精進料理湯品。

蒟蒻味噌湯 *

材料● 2 人份
　昆布高湯…2 杯
　牛蒡…1/3 根
　　（30g，削成薄片）
　紅蘿蔔…1/4 根
a　　（30g，切成長方片狀）
　蓮藕…1/5 節
　　（30g，切成銀杏葉狀）
　薑末蒟蒻…1/2 杯份
酒…1 大匙
味噌…2 小匙

製作方法
❶ 將材料 a 倒入鍋中轉到中火，沸騰後加點酒轉成小火煮 4 ～ 5 分鐘直到蔬菜變軟。

❷ 溶入味噌後關火。

蒟蒻串燒

材料● 4 串份
薑末蒟蒻…1/2 杯份
　（要是太大塊就切成小塊）
a｜醬油、味醂
　｜…各 1/2 大匙
七味辣椒粉…適量

製作方法
❶ 材料 a 加在一起用小鍋子先煮開。

❷ 薑末蒟蒻串在竹籤上，放在烤網上燒烤。

❸ 用刷子塗上步驟 1 的醬汁烤出焦痕，放到盤子上撒上七味辣椒粉。

Memo 超低卡路里，擁有很多膳食纖維的蒟蒻，加上滿滿的薑末炒成一道常備菜。薑可以促進血液循環提高新陳代謝。生薑醇這種成分也有燃燒脂肪的效果。活用它的口感，代替肉類作為炒蔬菜的配料會顯得很有分量。

只需拌炒

葫蘆乾
炒蘿蔔乾

材料● 2 杯份稍多

白蘿蔔…1cm（30g，切成長方片狀）
紅蘿蔔…1/5 小根（20g，切成長方片狀）
蓮藕…1/3 節（50g，切成銀杏葉狀）
a
牛蒡…1/3 根（50g，斜切成薄片）
香菇…1 片（20g，切薄片）
葫蘆乾…50cm（2.5g，洗好之後切大塊）
油…適量
油豆皮…1/2 片（25g，去除油分後切成長方片狀）
醋…2 大匙
b
味醂…2 大匙
鹽…1/4 小匙
水…2 小匙

製作方法

❶ 油加熱後拌炒材料 a，炒軟後再加上油豆皮。

❷ 倒入材料 b 煮開，攤在盤子上讓它盡快冷卻。

保 存
5 天

袋煮

材料● 2 人份

油豆皮…1 片
　（去除油分後對切成兩半）

a
　葫蘆乾炒蘿蔔乾
　　…1/2 杯份（粗略切碎）
　木棉豆腐…1/3 塊
　　（100g，去除水分）
　日式太白粉…1 小匙

無漂白葫蘆乾…40cm
昆布高湯…150ml
酒…1 大匙
醬油…1/2 大匙

製作方法

❶ 將材料 a 混合作為餡料。

❷ 將步驟 1 塞進油豆皮裡面，
用洗過的無漂白葫蘆乾綁住
袋口。

❸ 將昆布高湯、酒、醬油、步
驟 2 倒入鍋中轉到中火，煮
開後轉成小火，燉煮 5〜6
分鐘使湯汁收乾至 1/3。

義式沙拉

材料● 2 人份

a
　葫蘆乾炒蘿蔔乾…1/2 杯份
　芝麻菜…1 把
　　（50g，切大段）
　紫洋蔥…30g（切薄片）

大蒜…1 片（切粗末）
炸油…適量
巴沙米可醋…適量

製作方法

❶ 將材料 a 攪拌均勻後裝盤。

❷ 炸油加熱後將大蒜炸到酥
脆，撒在步驟 1 上面。

❸ 淋上巴沙米可醋。

清爽建長湯 *

材料● 2 人份

葫蘆乾炒蘿蔔乾…1/2 杯份
芝麻油…適量
切片乾香菇…10 片
豆腐…1/3 塊（100g，切成容易
　入口的大小）
鹽…1/4 小匙
醬油…2 小匙

製作方法

❶ 芝麻油加熱後炒蘿蔔乾，加
入 300ml 的水（額外分量）
與乾香菇後以中火加熱。

❷ 煮開後轉成小火熬煮 3 分
鐘，用鹽和醬油調味，加入
豆腐稍微加熱。

＊建長湯（けんちん汁），將蘿蔔、牛蒡、
芋頭、蒟蒻、豆腐等用芝麻油炒過，加
入高湯燉煮並以醬油調味的素食精進料
理湯品。其名相傳是來自於鎌倉建長寺
的修行僧所做而得名。另有一說是將普
茶料理中的「卷纖」（拌炒蔬菜和豆腐，
並包入豆皮後油炸）變化為湯品而來。

Memo　古早的配菜炒蘿蔔乾，是非常出色的「瘦身
常備菜」。使用的蔬菜都富含膳食纖維，而
且低卡路里。醋可以減少體脂肪的效果也不能忽視。
據說 100g 之中含有 30.1g 膳食纖維的葫蘆乾，加入後
更能提高效果。

簡單燉煮

長鹿尾菜
梅乾煮大蒜

材料● 1 又 3/4 杯稍少

長鹿尾菜…1 袋（20g，清洗過）
梅乾…2 大顆（淨重 20g，果肉分開）
大蒜…1 片（切薄片）
水…250ml

製作方法

❶ 將材料全部倒入鍋中轉到中火，煮開
後用小火煮 7 ～ 8 分鐘，使長鹿尾菜
變軟後均勻入味。

保 存
5 天

鹿尾菜
拌青紫蘇

材料● 2 人份

長鹿尾菜梅乾煮大蒜
　…3/4 杯份
青紫蘇…7 片（切細絲）

製作方法

❶ 將全部食材一起攪拌均勻。

橄欖風味
洋風壽司

材料● 2 人份

a ⎰ 白飯（溫熱）…160g
　 醋…2 小匙
　 砂糖…1/2 小匙
　 鹽…一撮
黑橄欖…15g（切成圓片）
長鹿尾菜梅乾煮大蒜
　…2 大匙稍多
櫻桃蘿蔔…3 顆（切薄片）
芝麻菜…20g（切大段）

製作方法

❶ 用調理碗將材料 a 攪拌，製
　作醋飯。
❷ 在步驟 1 混入剩下的材料後
　裝盤。

香炒梅乾
鹿尾菜櫛瓜

材料● 2 人份

櫛瓜…1/2 小根
　（65g，切成 1cm 厚的圓片）
長鹿尾菜梅乾煮大蒜…1/3 杯份
橄欖油…適量

製作方法

❶ 橄欖油加熱拌炒櫛瓜。
❷ 混入長鹿尾菜梅乾煮大蒜後
　關火。

Memo 鹿尾菜含有許多碘可以使新陳代謝活躍。梅乾的檸檬酸也能提高代謝，協助打造易瘦的體質。除此之外，大蒜的維生素 B 群也能幫助醣類與脂質的代謝，這道常備菜加上白飯真是恰恰好。

咖哩炒
豆芽菜蘿蔔乾

材料● 3 杯份

豆芽菜…300g
白蘿蔔乾…30g（洗好之後切大塊）
水…1/4 杯
油…適量
鹽…3/4 小匙
醬油…1/2 大匙
咖哩粉…1 大匙

製作方法

① 將油加熱後炒豆芽菜與蘿蔔乾。

② 加水，繼續炒到豆芽菜變軟，蘿蔔乾吸水還原後用鹽、醬油、咖哩粉調味。

 Memo 豆芽菜富含的維生素 B 群可幫助代謝醣類與脂質，所以吃再多也不易發胖。蘿蔔乾含有許多膳食纖維也很有飽足感，可以防止吃太多。也能當成春捲、炒麵或歐姆蛋的配料。

保存
5 天

蒟蒻絲煮金針菇

材料● 2 杯份

白瀧蒟蒻絲…1 袋（180g，去除澀味後切成大段）
金針菇…1 把（200g，切除根部後再切成兩半）
酒…2 大匙
醬油…2 小匙

製作方法

① 將材料全部倒入鍋中蓋上
　鍋蓋，轉到中火燜煮。

② 冒出蒸氣後拿掉鍋蓋，用
　長筷攪拌拌炒 1 分鐘。

Memo 由瘦身素材的代表，蒟蒻絲與金針菇兩者組合而成
的常備菜。口感紮實、超低卡路里且富含膳食纖維！代替麵
條使用加上喜愛的調味醬，就變成義大利麵、拉麵、炒麵、
素麵雜炒等風格，可以隨意運用。

保存
5天

梅乾炒大豆

材料●2 杯份

水煮大豆…2 杯（320g）
梅乾…4 個（淨重 40g，用菜刀拍碎果肉）
油…適量
酒…8 大匙

製作方法

1 將油加熱拌炒水煮大豆與梅乾。
2 撒些酒繼續拌炒，水分收乾後關火。

Memo 大豆的蛋白質與富含的維生素 B 群、異黃酮等成分能將醣類與脂質轉換成能量，具有提高新陳代謝的作用。梅乾的檸檬酸也有提升新陳代謝的效果。可做為便當的配菜或飯糰的餡料。盛在豆腐上也十分美味。

保存
5 天

薑末味噌
炒木耳牛蒡

材料● 2 又 1/2 杯份

牛蒡…1 大根（200g，斜削成薄片）

木耳…25 個（15g，清洗過）

薑…2 又 1/2 片（切末）

a │ 芝麻油…1 又 1/4 小匙
 │ 水…250ml

味噌…2 又 1/2 大匙

製作方法

1 將材料 a 倒入平底鍋轉到中火，倒入牛蒡、木耳、薑炒至收乾。

2 水分幾乎收乾後把牛蒡煮熟，木耳炒軟後加入味噌。

3 整體均勻入味後關火。

> 🖉
> Memo　還原狀態的木耳 100g 之中有 5.2g 膳食纖維，牛蒡則含有 5.7g。此外味噌的發酵力與薑的殺菌作用能調整腸道環境、消除便祕。因為很有咬勁，也能防止吃太多。

保存
5 天

胡椒鹽炒
地瓜芽鹿尾菜

材料● 2 又 3/4 杯份

地瓜…1 大根（300g，
　　切成 1cm 厚的圓片）
芽鹿尾菜…6g（清洗過）
a ┃ 橄欖油…1/2 大匙
　 ┃ 水…1 又 1/2 杯
　 ┃ 鹽…3/4 小匙
粗粒黑胡椒…3/4 小匙

製作方法

① 將材料 a 倒入平底鍋轉到中火，倒入地瓜與芽鹿
尾菜攪拌均勻加熱。

② 地瓜煮熟，芽鹿尾菜炒軟、混入胡椒後關火。

> Memo　印象中會使人發胖的地瓜，其實含有許多膳食
> 纖維，此外紫茉莉苷這種成分能促進腸胃蠕動，
> 是消除便秘的強大夥伴！芽鹿尾菜也有豐富的膳食纖維。
> 也可以加進沙拉或當成豆腐涼拌的食材。

保存
3 天

味噌炒
茄子豆渣

材料● 2 又 1/2 杯份

茄子…3 根（240g，切成一口大小）
薑…3 片（切末）

a
| 芝麻油…1/2 大匙
| 水…1/2 杯

b
| 味噌…3 大匙
| 豆渣…3/4 杯

製作方法

1 將材料 a 倒入平底鍋，倒入茄子和薑後轉到中火，以水炒的方式收乾水分。

2 茄子炒軟後加入混在一起的材料 b 炒乾，變成顆粒狀後把火關掉。

> Memo 豆渣很有飽足感，此外這道食譜用了芝麻油與味噌，味道香濃、口感十足。是很適合減肥的常備菜。食材中加入茄子，就變得黏稠多汁。讓豆渣不會乾巴巴的，易於入口也誘人食指大動。

保存
5 天

柚子胡椒炒
油豆皮香菇

材料● 2 杯份

油豆皮…2 片
　（100g，去除油分後切成長方片狀）
香菇…1 包（120g，切薄片）
油…適量
a ｜ 柚子胡椒…1/4 小匙
　｜ 酒…3 大匙
　｜ 醬油…1/2 小匙

製作方法

❶ 將油加熱後拌炒油豆皮和香菇。
❷ 用材料 a 調味。

Memo 柚子皮具有促進血液循環的作用。柚子胡椒也有同樣的效果。另外，香菇的香菇嘌呤可降低血液中的膽固醇量，它的膳食纖維也能改善便秘。油豆皮讓這道菜顯得很有分量，可以防止吃太多。

保 存
5 天

海苔佃煮炒青椒

材料● 1 又 3/4 杯份稍多

青椒…6 個（180g，細切）
烤海苔…整片 3 片（切成小片）

a
  芝麻油…3/4 小匙
  水…3/4 杯
  酒…3 大匙
  醬油…1 又 1/2 大匙
  味醂…1 大匙

製作方法

1 將材料 a 倒入平底鍋轉到中火，倒入烤海苔
後水炒 1 分鐘。

2 加入青椒後炒到水分收乾。

> Memo　一天只要吃 2 片海苔，就能攝取到一日所
> 需的維生素 B1 與 B2，脂肪與醣類的代謝
> 也會變順暢。青椒的辣椒素效果也是強大的夥伴。
> 也很推薦盛在豆腐或白飯上，或盛在蘿蔔切片上變
> 成法式開胃菜。

只需拌炒

料理酒炒
小黃瓜綜合海藻

材料● 2 又 3/4 杯份稍少

小黃瓜…3 大根（360g，切成小段）

綜合海藻…3/4 杯份

　　（18g，迅速地清洗過）

芝麻油…少許

水…9 大匙

酒…3 大匙

鹽…3/4 小匙

製作方法

① 將芝麻油加熱，倒入小黃瓜與綜合海藻，灑點
水使綜合海藻還原並且拌炒。

② 用酒和鹽調味。

保存
5 天

加入拍碎後過的梅乾果肉
變成醋物風味涼拌菜,
或加入沙拉也 OK。

梅乾即席
涼拌菜

材料● 2 人份

料理酒炒小黃瓜綜合海藻
　…1 杯份
梅乾…2 顆(用菜刀拍碎果肉)

製作方法

① 將所有食材放在一起攪拌
　均勻。

若想做成甜醋風味,
不用砂糖
用楓糖漿來變化。

薑汁風味
涼拌菜

材料● 2 人份

料理酒炒小黃瓜綜合海藻
　…1 杯份
醋、楓糖漿…各 1/2 大匙
薑…1/2 片(切成薑絲)

製作方法

① 將所有食材放在一起攪拌
　均勻。

Memo 海藻的黏液是一種膳食纖維海藻酸。有助於改善血液中的膽固醇,是減肥的好夥伴。小黃瓜的礦物質鉀也具有防止浮腫的效果。用柚子醋做成的涼拌菜也不錯,不過這道食譜不用砂糖,非常推薦給想瘦身的人。

保存
5 天

壽喜燒風
蘿蔔乾煎豆腐

材料 ● 2 杯份稍多

煎豆腐…1 塊（切成容易入口的大小）
白蘿蔔乾…20g（洗好之後切大塊）
水…1 杯
酒、醬油、味醂…各 1 大匙

製作方法

❶ 將材料全部倒入鍋中轉到中火，煮開後用小
火煮 6～7 分鐘。

> Memo　壽喜燒是大家都喜愛的調味方式，可是卡
> 路里方面卻令人擔心。如果是用蘿蔔乾取
> 代肉類的壽喜燒，不僅低卡路里也能當成常備菜，
> 此外蘿蔔乾也有十足的甜味，即使不用砂糖也十分
> 美味喔！

保存
5 天

薑汁煮
杏鮑菇葫蘆乾

材料● 1 又 1/2 杯份稍少

杏鮑菇…1 根
　　（80g，縱向切片，切成一半的長度）
葫蘆乾…30g（洗好之後切大塊）
薑…1 又 1/2 片（磨碎）
昆布高湯…100ml
醬油…1 大匙

製作方法

❶ 將材料材料全部倒入鍋中、蓋上鍋蓋轉
　到中火，煮開後用小火煮 5 分鐘再關火。

Memo 杏鮑菇每 100g 含有 4.3g 的膳食纖
維，在菇類之中也是最上等的。葫蘆乾的膳
食纖維含量也是超過蘿蔔乾。薑也具有燃燒
脂肪的效果。這道常備菜用油快速拌炒一下，
滿足感可不會輸給薑燒豬肉喔！

保存
5 天

青花椰菜煮鹽昆布

材料● 4 杯份

青花椰菜…1 株（淨重 300g，分成小朵）
鹽昆布…10g（切成粗絲）
水…1/2 杯

製作方法

① 將材料全部倒入鍋中，蓋上鍋蓋後轉到中火
　 煮。

② 煮開後拿掉鍋蓋、再煮 2~3 分鐘後關火，一
　 面煮一面不時地攪拌。

> Memo　青花椰菜含有豐富的膳食纖維
> 及促進新陳代謝所需的維生素
> B 群，如果與美乃滋一起食用則會攝入
> 過多卡路里。而與鹽昆布一起用水快速
> 煮過的無油調理常備菜則可安心食用。
> 可直接當作一道菜餚或配菜。用作和風
> 義大利麵的配料也非常推薦！

燉煮嫩竹筍

材料● 1 又 1/3 杯份

水煮竹筍…150g（切成 1.3cm 寬小丁）

切片海帶芽…6g

昆布高湯…1/2 杯

醬油…1 小匙

酒…1 大匙

製作方法

❶ 將材料全部倒入鍋中轉到中火，煮開
後以小火煮 4~5 分鐘。

 Memo 只需將平日的嫩竹筍切成骰子
狀，即可成為拌飯、散壽司、豆腐拌菜、
豆腐漢堡排的食材，是非常方便的一款
常備菜。竹筍與海帶芽都含有非常豐富
的膳食纖維且低卡路里。因為口感十足，
所以適合當作瘦身食物。

保存
5 天

梅乾煮蘿蔔乾

材料● 1 又 3/4 杯份

白蘿蔔乾…50g（洗好之後切大塊）
梅乾…2 個（淨重 20g）

製作方法

① 將材料全部倒入鍋中，加入蓋過食材
的水（食材清單外的量）後轉到中火。

② 用長筷將梅乾戳碎，煮至湯汁收乾。

> *Memo* 使用本道食譜可以無需加入砂
> 糖或味醂，就可以吃到很多具
> 有瘦身效果且含有豐富的膳食纖維及礦
> 物質鉀等營養成分的蘿蔔乾！可以直接
> 作為下酒菜或副菜，與汆燙過的菠菜、
> 豆芽、生洋蔥、芹菜等拌在一起也非常
> 美味喔！

保存
3 天

豆渣炒乾貨

材料●2 又 1/4 杯份

    芽鹿尾菜…8g（洗淨）

    切片乾香菇…24 片（6g，切成兩半）

a 葫蘆乾…80cm（6g，洗淨後切成 1cm 長）

    油…2 小匙

    水…300ml

豆渣…2 杯（160g）

醬油…1 又 1/3 大匙

製作方法

❶ 將材料 a 倒入平底鍋中、轉到中火，翻炒 2 分鐘左右，讓乾貨變得柔軟。

❷ 轉小火加入豆渣，用醬油提味繼續翻炒，變成顆粒狀後關火。

> 🖉 Memo 豆渣和乾貨都含有豐富的膳食纖維，所以比較有飽足感，也具有超群的排毒效果。且 100g 豆渣中含有 6.1g 的蛋白質。瘦身時也要注意補充蛋白質，將豆渣當作常備菜吧！

想事先做起來保存
有著滿滿蔬菜的調味醬

在醬汁或醬料內加入大量蔬菜作為常備菜如何呢？
在忙碌的日常無法做蔬菜料理時，可以淋在主菜上，也可以拌麵吃。
事先做好保存起來的話，就永遠不用擔心蔬菜攝取不足囉！

柚子醋醃夏季蔬菜

材料●1 又 1/2 杯份稍少

酒精煮至揮發的酒、醬油、醋…各 50ml

柚子汁…1 大匙

番茄、櫛瓜…各 30g
 （切成 7mm 寬小丁）

蘘荷…2 個（40g，切成小段）

獅子唐青椒仔…5 個（20g，切成小段）

青紫蘇…5 片（5g，切成 7mm 寬見方）

製作方法

❶ 將材料全部混合攪拌均勻。

Memo 這道菜餚不僅含有豐富的維生素及礦物質，還充分活用了蔬菜的甘甜，即便不添加砂糖也很美味。僅需淋在香煎豆腐或炸豆腐上，即可享受華麗且可瘦身的一道美食。也請務必加入含有豐富辣椒素的獅子唐青椒仔喔！

保存
5 天

醬油麴拌洋蔥泥與洋蔥碎末

材料●1 又 1/4 杯份稍少

洋蔥…1 個（200g）

　　芝麻油…1 大匙
a　醬油麴…50ml
　　醋…2 大匙

製作方法

❶ 將一半洋蔥以食物調理機打成泥狀，另一半切成碎末。

❷ 將步驟 1 以微波爐加熱 2 分鐘。

❸ 將步驟 2 與材料 a 混合攪拌拌勻。

Memo 食用洋蔥可攝取豐富的二烯丙基硫化物，幫助降低血液粘度，維生素 B 群可以阻止醣類及脂肪吸收。而且還含有豐富的寡醣，在醬油麴的發酵力量下能對身體進行大掃除。與任何蔬菜都很搭，也可以當作煎炒肉類的醬汁。

保存
5 天

綜合菇辣味醬汁

保存
5 天

材料● 1 又 1/4 杯份

鴻喜菇、金針菇、香菇
　…各 50g（切成粗粒）
辣椒…1 根（切末）
芝麻油…1 大匙
a｜醋、酒、醬油、昆布高湯…各 2 大匙

製作方法

❶ 將芝麻油加熱後，拌炒菇類及辣椒。
❷ 炒軟後加入材料 a 繼續翻炒後關火。

Memo 口感十足且低卡路里。不論是淋在
烤蔬菜上還是添加入肉類料理中都十分推
薦。辣椒素本來就具有燃燒脂肪的效果，
如果您再根據自己的喜好加入薑末，則可
在生薑醇的作用下效果加倍。

雙色番茄無油法式沙拉醬料

材料● 3/4 杯份

醋、昆布高湯…各 1/4 杯
鹽…1/4 小匙
芥末醬…1 小匙
紅、黃小番茄…各 30g（切成 8mm 寬小丁）

製作方法

❶ 將材料全部混合攪拌均勻。

保存
5 天

Memo 用昆布高湯代替油，大大地降
低了卡路里含量。而且番茄含有豐富
的茄紅素，可以促進新陳代謝。以番
茄增加美味度及甜度也是令人欣喜的
重點。不僅可以作為沙拉醬料，也可
以用來淋在素麵或涼麵上。

多彩蔬菜甜醋醬汁

保存 **5** 天

材料● 3/4 杯份

醋…4 大匙
昆布高湯…2 大匙
楓糖漿、醬油…各 1/2 大匙
紅、黃色甜椒、青椒…各 20g
　　（切成 7mm 寬小丁）

製作方法

❶ 將材料全部混合攪拌均勻。

Memo 紅椒、黃椒及青椒都含有可以提高脂肪新陳代謝的辣椒素。非常適合用來當作瘦身時的沙拉醬料或醬汁！請務必使用楓糖漿增加甜味。因其具有不會讓血糖值急速上升且不易發胖的優點。

根菜類辣醬

材料● 3/4 杯稍多

牛蒡、蓮藕、紅蘿蔔…各 15g
　　（切成丁後迅速地汆燙過）

a ｛楓糖漿…1/4 杯
　辣椒…1 根（切末）
　大蒜…1 片（切末）
　醋、水…各 2 大匙
　醬油…1 大匙
　日式太白粉…1 小匙

製作方法

❶ 將材料 a 放入鍋中、待日式太白粉完全溶解，煮沸後馬上關火讓其變得黏稠。再與蔬菜混合攪拌均勻。

保存 **5** 天

Memo 甜甜的辣醬一直給人不適合瘦身食用的印象，不過如果手作的話就會很健康！楓糖漿不會讓血糖值上升，與其他甜味料相比有不易發胖的優點。根菜類的膳食纖維可阻止醣類及脂肪吸收。

和風莎莎醬

保存
5 天

材料● 2 又 1/2 杯份

酒精煮至揮發的酒、醬油、醋…各 50ml
番茄…1 個（200g，切成 1cm 寬小丁）
長蔥…20cm（60g，切蔥花）
秋葵…6 條（60g，迅速地汆燙後切成小段）
蘘荷…20g（切小段）
檸檬汁…1 大匙
醬油…1 小匙
七味辣椒粉…1/4 小匙

製作方法

❶ 將材料全部混合攪拌均勻。

 Memo 不僅番茄含有的茄紅素有燃燒脂肪的效果，秋葵含有的黏液素還能阻止醣類吸收。蘘荷含有的 α-蒎烯具有溫熱身體的效果，可以提升因冷氣而發冷的身體的代謝能力。可以淋在溫蔬菜上，也可以淋在雁擬豆腐上。

紫洋蔥紅蘿蔔雪見醬汁

保存
5 天

材料● 1 又 1/4 杯稍少

紫洋蔥…1/4 顆
　　（50g，切成 8mm 寬小丁）
紅蘿蔔…1/4 根
　　（30g，切成 8mm 寬小丁）
白蘿蔔…150g（磨成泥）
檸檬汁、鹽麴…各 1 大匙

製作方法

❶ 將材料全部混合攪拌均勻。

 Memo 白蘿蔔含有豐富的澱粉酶，添加在奶油嫩煎肉或魚可以幫助消化，具有吃同樣的量卻不易發胖的優點。紫洋蔥與洋蔥一樣，其所含有的二烯丙基硫化物可以幫助降低血液黏度，而且還含有大量多酚，抗衰老效果令人期待。

蔬菜調味醬汁的用法自由多變。
上圖為將 1/2 杯和風莎莎醬與一把
素麵拌勻。
下圖為將香菇、舞菇、杏鮑菇等各
種菇類烤過後，再淋上滿滿的紫洋
蔥紅蘿蔔雪見醬汁。飽足感十足，
可以用來代替主菜。

INDEX

蔬食常備菜 材料別索引

青紫蘇
柚子醋醃夏季蔬菜 ·········· 121
秋葵
秋葵拌海帶根 ·········· 69
和風莎莎醬 ·········· 124
海藻類
秋葵拌海帶根 ·········· 69
綜合海藻西洋芹拌醋味噌醬 ·········· 52
蒜頭檸檬醃漬南瓜與鹿尾菜 ·········· 93
豆渣炒乾貨 ·········· 119
碎乾貨涼拌柚子醋 ·········· 48
汆燙昆布絲和油豆皮 ·········· 28
料理酒炒小黃瓜綜合海藻 ·········· 112
醃漬黃瓜昆布絲 ·········· 76
燉煮嫩竹筍 ·········· 117
胡椒鹽炒地瓜芽鹿尾菜 ·········· 108
辣醬油醃漬芹菜與鹿尾菜 ·········· 81
小白菜拌昆布青蔥 ·········· 62
長鹿尾菜梅乾煮大蒜 ·········· 102
海苔佃煮炒青椒 ·········· 111
小番茄拌水雲藻 ·········· 68
青花椰菜煮鹹昆布 ·········· 116
豆芽菜昆布絲拌芝麻醋醬 ·········· 55
水煮麥片鹿尾菜 ·········· 18
蒸海帶芽和白蘿蔔 ·········· 36
蕪菁
日本甘酒醃漬蕪菁與高麗菜 ·········· 95
檸檬油蒸蕪菁 ·········· 43
南瓜
蒜頭檸檬醃漬南瓜與鹿尾菜 ·········· 93
花椰菜
醃漬大豆花椰菜 ·········· 84
花椰菜拌美乃滋風味白味噌醬 ·········· 70
寒天
寒天絲山芹菜拌柚子胡椒油醬 ·········· 60
橘子汁醃紅蘿蔔與寒天絲 ·········· 88
醋醃寒天棒與黃瓜 ·········· 86
檸檬橄欖油醃漬寒天棒與番茄 ·········· 80
葫蘆乾
薑汁煮杏鮑菇葫蘆乾 ·········· 115
葫蘆乾炒蘿蔔乾 ·········· 100
油煮葫蘆乾拌長蔥 ·········· 22
豆渣炒乾貨 ·········· 119
菇類
柚子胡椒炒油豆皮香菇 ·········· 110
酒蒸綜合菇 ·········· 40
薑汁煮杏鮑菇葫蘆乾 ·········· 115
葫蘆乾炒蘿蔔乾 ·········· 100
豆渣炒乾貨 ·········· 119
薑末味噌炒木耳牛蒡 ·········· 107
木耳涼拌泡菜 ·········· 53
綜合菇辣味醬汁 ·········· 122
蒟蒻絲煮金針菇 ·········· 105
香菇蒟蒻絲拌微辣醬油 ·········· 61

高麗菜
日本甘酒醃漬蕪菁與高麗菜 ·········· 95
高麗菜油豆皮拌榨菜 ·········· 64
紫甘藍菜拌紫蘇醬菜 ·········· 66
小黃瓜
料理酒炒小黃瓜綜合海藻 ·········· 112
醃漬黃瓜昆布絲 ·········· 76
醋醃寒天棒與黃瓜 ·········· 86
牛蒡
葫蘆乾炒蘿蔔乾 ·········· 100
薑末味噌炒木耳牛蒡 ·········· 107
金平風蒸牛蒡和紅蘿蔔 ·········· 34
牛蒡拌蔥鹽 ·········· 58
根菜類辣醬 ·········· 123
蒟蒻類
薑末蒟蒻 ·········· 98
蒟蒻絲煮金針菇 ·········· 105
醋拌蒟蒻絲和白蘿蔔 ·········· 46
南蠻漬白蒟蒻 ·········· 92
高湯醬油醃漬大豆、蓮藕與蒟蒻 ·········· 83
香菇蒟蒻絲拌微辣醬油 ·········· 61
酒蒸豆芽菜和蒟蒻絲 ·········· 38
地瓜
胡椒鹽炒地瓜芽鹿尾菜 ·········· 108
獅子唐青椒仔
柚子醋醃夏季蔬菜 ·········· 121
馬鈴薯
鹽蒸馬鈴薯豆 ·········· 32
山茼蒿
汆燙香味蔬菜 ·········· 24
櫛瓜
大蒜油蒸櫛瓜 ·········· 42
番茄汁醃漬茄子與櫛瓜 ·········· 91
柚子醋醃夏季蔬菜 ·········· 121
水芹
汆燙香味蔬菜 ·········· 24
西洋芹
綜合海藻西洋芹拌醋味噌醬 ·········· 52
辣醬油醃漬芹菜與鹿尾菜 ·········· 81
白蘿蔔 · 蘿蔔乾
葫蘆乾炒蘿蔔乾 ·········· 100
碎乾貨涼拌柚子醋 ·········· 48
番茄汁醃漬蘿蔔乾與洋蔥 ·········· 91
梅乾煮蘿蔔乾 ·········· 118
壽喜燒風味蘿蔔乾煎豆腐 ·········· 114
醋拌蒟蒻絲和白蘿蔔 ·········· 46
脆醃紅蘿蔔與蘿蔔乾 ·········· 74
韓式泡菜風淺漬白菜與蘿蔔乾 ·········· 94
汆燙菠菜和白蘿蔔乾 ·········· 20
紫洋蔥紅蘿蔔雪見醬汁 ·········· 124
咖哩炒豆芽菜蘿蔔乾 ·········· 104
蒸海帶芽和白蘿蔔 ·········· 36
竹筍
燉煮嫩竹筍 ·········· 117
榨菜蒸水煮竹筍 ·········· 37
洋蔥 · 紫洋蔥
醬油麴拌洋蔥泥與洋蔥碎末 ·········· 121
番茄汁醃漬蘿蔔乾與洋蔥 ·········· 91
南蠻漬白蒟蒻 ·········· 92
綜合豆洋蔥拌塔巴斯科醬 ·········· 50

紫洋蔥紅蘿蔔雪見醬汁 124
水煮洋蔥 16
小白菜
小白菜拌昆布青蔥 62
醃漬物
木耳涼拌泡菜 53
梅乾煮蘿蔔乾 118
梅乾炒大豆 106
醃漬蘿蔔沙拉 82
長鹿尾菜梅乾煮大蒜 102
榨菜煮水煮竹筍 37
高麗菜油豆皮拌榨菜 64
紫甘藍菜拌紫蘇醬菜 66
蓮藕拌大蒜梅乾 71
番茄‧小番茄
番茄汁醃漬茄子與櫛瓜 91
番茄汁醃漬蘿蔔與洋蔥 91
柚子醋醃漬夏季蔬菜 121
雙色番茄無油法式沙拉醬料 122
小番茄拌水雲藻 68
檸檬橄欖油醃漬寒天棒與番茄 80
蒸小番茄 30
和風莎莎醬 124
長蔥
油煮胡蘆乾拌長蔥 22
牛蒡拌蔥鹽 58
小白菜拌昆布青蔥 62
和風莎莎醬 124
茄子
味噌炒茄子豆渣 109
番茄汁醃漬蘿蔔與洋蔥 91
茄子拌紫蘇粉薑末 63
高湯醃漬烤茄子與雁擬豆腐 79
紅蘿蔔
醋味豆渣 67
胡蘆乾炒蘿蔔乾 100
金平風蒸牛蒡和紅蘿蔔 34
根菜類辣醬 123
南蠻漬白蒟蒻 92
醃漬蘿蔔沙拉 82
橘子汁醃漬紅蘿蔔與寒天絲 88
脆醃紅蘿蔔與蘿蔔乾 74
紫洋蔥紅蘿蔔雪見醬汁 124
白菜
韓式泡菜風淺漬白菜與蘿蔔乾 94
冬粉
油煮青椒和冬粉 26
青椒‧彩椒
多彩蔬菜甜醋醬汁 123
南蠻漬白蒟蒻 92
油煮青椒和冬粉 26
海苔佃煮炒青椒 111
青椒醃漬煎豆腐 78
青花椰菜
青花椰菜煮鹹昆布 116
菠菜
汆燙菠菜和白蘿蔔乾 20
豆類‧大豆製品
醬油蒸油豆腐和蓮藕 35
柚子胡椒炒油豆皮香菇 110

醋味豆渣 67
醃漬大豆花椰菜 84
胡蘆乾炒蘿蔔乾 100
豆渣炒乾貨 119
汆燙昆布絲和油豆皮 28
壽喜燒風蘿蔔乾煎豆腐 114
鹽蒸馬鈴薯豆 32
高湯醬油醃漬大豆、蓮藕與蒟蒻 83
梅乾炒大豆 106
味噌炒茄子豆渣 109
綜合豆汁醬拌恰巴斯利醬 87
青椒醃漬煎豆腐 78
高湯醃漬烤茄子與雁擬豆腐 79
高麗菜油豆皮拌榨菜 64
麥片拌碎黃豆佐生薑醬油 56
山芹菜
寒天絲山芹菜拌柚子胡椒油醬 60
汆燙香味蔬菜 24
蘘荷
柚子醋醃漬夏季蔬菜 121
紫洋蔥紅蘿蔔雪見醬汁 124
麥
麥片拌碎黃豆佐生薑醬油 56
水煮麥片鹿尾菜 18
豆芽菜
豆芽菜昆布絲拌芝麻醋醬 55
咖哩炒豆芽菜蘿蔔乾 104
酒蒸豆芽菜和蒟蒻絲 38
山藥
蒸山藥拌白味噌 54
蓮藕
醬油蒸豆腐和蓮藕 35
胡蘆乾炒蘿蔔乾 100
根菜類辣醬 123
高湯醬油醃漬大豆、蓮藕與蒟蒻 83
蓮藕拌大蒜梅乾 71

＊本書第 1~4 章的「常備菜」與卷末的「調味醬」索引。依主要使用的蔬菜、海藻類、大豆製品、蒟蒻、寒天等瘦身素材分別排序。(本索引中不包含運用常備菜的變化食譜項目)

PROFILE

庄司泉

蔬菜料理家。2007年開始經營介紹100%素食料理的部落格『vege dining 蔬菜的餐食』，因大受歡迎的關係，因緣際會之下成為介紹蔬食料理的料理家。同時，也向大家推廣可預先製作後存放的常備菜、能夠任意變化使用的小菜等忙碌時也能大量攝取蔬菜的食譜。其著作『野菜的常備菜』〈世界文化社〉一書也成為市場常銷書。目前經營主持『庄司いずみ vegetable・cooking・studio〈http://shoji-izumi.tokyo/〉』網站，從事推廣蔬食樂趣與可能性的各項活動。
部落格：vege dining 蔬食的餐食
http://ameblo.jp/izumimirun/

TITLE

蔬食常備菜

STAFF

出版	瑞昇文化事業股份有限公司
作者	庄司泉
譯者	闕韻哲
總編輯	郭湘齡
責任編輯	徐承義
文字編輯	黃美玉　蔣詩綺
美術編輯	陳靜治
排版	曾兆珩
製版	昇昇興業股份有限公司
印刷	桂林彩色印刷股份有限公司
法律顧問	經兆國際法律事務所　黃沛聲律師
戶名	瑞昇文化事業股份有限公司
劃撥帳號	19598343
地址	新北市中和區景平路464巷2弄1-4號
電話	(02)2945-3191
傳真	(02)2945-3190
網址	www.rising-books.com.tw
Mail	deepblue@rising-books.com.tw
初版日期	2017年10月
定價	280元

ORIGINAL JAPANESE EDITION STAFF

撮影／櫻井めぐみ
スタイリング／本郷由紀子
ブックデザイン／椎名麻美
調理補助／中村三津子
編集協力／フィーストインターナショナル
校正／株式会社円水社
編集／株式会社世界文化クリエイティブ・川崎阿久里

國家圖書館出版品預行編目資料

蔬食常備菜 / 庄司泉作；闕韻哲譯.
-- 初版. -- 新北市：瑞昇文化, 2017.09
128面；　14.8 x 21公分
譯自：やせぐせがつく野菜の常備菜：海藻、乾物、大豆製品……"やせ素材"を組みあわせたストックおかずで毎日、野菜生活簡単レシピだからアレンジ自在

ISBN 978-986-401-197-1(平裝)
1.蔬菜食譜

427.3　　　　　　　　　　　　106014944